图解入门

图解热处理技术入门

（原书第3版）

図解入門よくわかる最新熱処理技術の基本と仕組み（第3版）

［日］山方三郎　著　孟凡辉　译

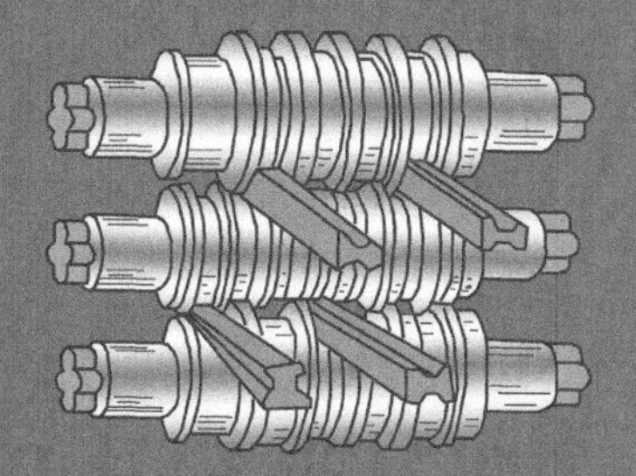

本书以图解的方式介绍了热处理基础与实用技术，主要内容包括：热处理的世界、钢铁材料的特性与热处理基础、热处理的方法和机理、金属材料的热处理、表面硬化和改性处理、热处理质量检测和常遇到的问题、热处理技术的未来、热处理问答。本书章节标题简洁明了、方便查阅，内容由浅入深，而且时时对内容进行小结，即使是初学者也不会感到生硬。书中不但大量采用插图，而且每个插图都能做到自成一体，非常便于读者的阅读和理解。通过对本书的学习，读者基本可以掌握比较全面的热处理知识体系。

本书可供热处理技术人员、工人阅读，也可供相关专业在校师生参考。

图书在版编目（CIP）数据

图解热处理技术入门：原书第 3 版 /（日）山方三郎著；孟凡辉译 .—北京：机械工业出版社，2023.5（2024.7 重印）

ISBN 978-7-111-72855-9

Ⅰ.①图…　Ⅱ.①山…②孟…　Ⅲ.①热处理—图解　Ⅳ.①TG15-64

中国国家版本馆 CIP 数据核字（2023）第 051232 号

机械工业出版社（北京市百万庄大街 22 号　邮政编码 100037）
策划编辑：陈保华　　责任编辑：陈保华　王春雨
责任校对：张昕妍　李　婷　　封面设计：马精明
责任印制：常天培
固安县铭成印刷有限公司印刷
2024 年 7 月第 1 版第 4 次印刷
148mm × 210mm ·7.375 印张 ·253 千字
标准书号：ISBN 978-7-111-72855-9
定价：58.00 元

电话服务　　网络服务
客服电话：010-88361066　机　工　官　网：www.cmpbook.com
010-88379833　机　工　官　博：weibo.com/cmp1952
010-68326294　金　书　网：www.golden-book.com
封底无防伪标均为盗版　机工教育服务网：www.cmpedu.com

译者序

几年前有幸参加日本热处理技术协会的考察团，在德国进行了为期 10 天的热处理技术考察。行程刚好是环绕德国一周，走访了热处理方面知名的大学、研究所以及相关设备公司和热处理加工专业公司，其中包括德国联邦材料研究和测试研究所（简称 BAM）。大名鼎鼎的马氏体发现者——阿道夫·马滕斯 [Adolf Martens（1850—1914 年）] 曾任该研究所的所长。马滕斯曾经用自制的显微镜观察金相组织，并且建设性地提出组织观察将在未来的热处理研究和实践中起到极为重要的作用。

时至今日，热处理的目的是改变组织这一观念已经得到了广泛认可，且金相组织学也早已成为热处理专业的最重要学科，组织观察的方法也有了长足进步。光学显微镜的性能提升自然不用多说，扫描电子显微镜（SEM）、透射电子显微镜（TEM）、电子探针（EPMA）及电子背散射衍射（EBSD）等方法也越来越普及。通过这些方法，不但放大的倍率越来越高，还可以对所观察的视野进行定性与定量分析。译者在日本东北大学金属材料研究所读博士期间接触到的 3D Atom Probe，甚至可以对材料进行原子尺度的分析。这些仪器虽然谈不上已经“飞入寻常百姓家”，但也早在各大工业材料分析机构开始使用，并在各类热处理学术期刊的论文中经常被提及。马滕斯在一百多年前的预见成了现实。

在机械制造业的现场，组织检验也是质量管理的重中之重。因为组织与机械零部件的强度，尤其是疲劳强度，以及产品可靠性之间的关系极为密切。

日本的机械制造业，一般广义地将加工分为两大类：机械加工和热加工。机械加工一般是指应用车床、钻床、铣床等机床的加工方式，以数控（NC）加工为代表，数控化程度高；热加工则一般是指铸造、锻造、焊接以及热处理这样的传统加工方式。两者之间的不同不仅体现在数控化程度上，在质量管理方法上的差异也非常大。前者，主要通过对加工后零部件的尺寸测量来保证质量，对一些重要零部件，基本是全数测量。而后者，尤其是热处理，主要通过过程控制来保证质量。这是因为热处理工艺参数与热处理结果之间的对应关系不显著，温度提高 1℃或者处理时间提高 1min，又或者合金元素的质量分数提高 0.1% 等，这些大多与结果之间没有明显的可观察到的对应关系。大多数情况是 1 个温度范围、1 个时间范围，或者 1 个含量范围对应一个组织区间和硬度区间，而且组织和硬度也不能与强度，尤其是疲劳强度完全对应。换句话说，在热处理领域，单纯从现象出发很难理解本质，因此，对热处理从业人员来说，必须拥有较高的以组织为核心的热处理理论素养，不但要知其然，更要知其所以然。

这也恰恰是本书的写作目的。通过对本书的学习，读者基本可以大致建立比较全面的热处理知识体系。本书共分 8 章，可以分为 3 部分：第 1 部分是第 1~3 章，该部分对热处理和钢铁材料的发展进程，以及热处理的方法和机理进行了概述；第 2 部分是第 4 和第 5 章，该部分介绍了钢铁材料以及非铁金属材料的一般（整体）热处理、钢铁材料的表面硬化热处理；第 3 部分是第 6~8 章，该部分介绍了热处理质量检测和常遇到的问题，以及对热处理技术未来的展望。

孟凡辉

前　言

伴随着全球经济的低迷，日本的制造业也受到了不小的影响。然而，即使在这种环境下，在制造技术领域一直领先于世界的日本，仍然在努力地开发自动驾驶汽车、喷气式客机、磁悬浮新干线、颠覆常识的新材料，以及用于太空探索的高精度火箭等。当然，这些都是各种技术结合的产物，其中包括了众所周知的计算机和材料技术。至于热处理技术，因为不显眼，它在这些技术变革中所做出的重大的贡献，往往不为大众所知。热处理一直被认为是一门难以理解和学习的技术，但是其作为制造业的一个不可或缺的重要组成部分的地位，长久以来得到了各行业的广泛认同。

这本书已经是第 3 版了。编写本书的目的是，以易于理解的方式，为读者解说难以理解的热处理技术。本着这个目的，本版对旧版的一些内容进行了修订，同时对材料和热处理方法进行了整理和总结。另外增加了一章，即基于我参与的研讨会上的成员以及读者们提出的问题和针对问题的回答——第 8 章热处理问答。不可否认，由于涉及材料、热处理方法和强度要求三者之间的复杂关系，“加热和冷却”的热处理技术，乍一看似乎确实很难，但是只要努力迈出第一步，就会很快发现，它既有趣又有深度。希望这本书能作为引领读者迈出这第一步的一个指南。拿起这本书，读到第二或第三遍时会发现，自己在不知不觉间已经站在了成为热处理和材料专家的门槛上了。

值此本书出版之际，感谢秋田县立秋田技术学校的前系主任高桥宗悟先生、东方工程株式会社、日本金属热处理工业协会、东部金属热处理工业协会、日本热处理技术协会以及其他众多同仁的支持。

山方三郎

目录

热处理的世界

Chapter 2 钢铁材料的特性与热处理基础

热处理的方法和机理

Chapter 4

金属材料的热处理

目录

Chapter 5　表面硬化和改性处理

Chapter 6 热处理质量检测和常遇到的问题

Chapter 7 热处理技术的未来

Chapter 8 热处理问答

热处理的世界

热处理是支持现代丰富物质生活的一项基本技术，但在日常生活中，大家可能感觉不到它的存在。其中的一个原因是，热处理的作用及其工作原理难以理解。

在本章中，将首先从热处理技术是什么，以及它是如何支持着我们日常生活的角度，向读者们介绍热处理的世界。

1 什么是热处理？

热处理用以激活钢铁材料的自身潜力。

热处理被广泛地应用于日常的金属产品之中，是支撑现代社会的重要技术之一。

英语是“heat treatment”

提到“热处理”这个词，让我们想起了什么呢？“日本刀”“乡村铁匠”还是“啤酒”。在日常生活中，我们使用的诸如“趁热打铁”“加把火”和“回炉”等词语，其实都是来自于热处理技术。

热处理可以简单地描述为“加热和冷却”。在下一页 [1] 中，以 S45C 碳素钢（碳钢）为例，在把它加热到 850℃的高温之后，通过改变冷却方法：炉内冷却（缓慢冷却）、空气冷却和水冷却（快速冷却），来比较冷却方法的不同所导致的材料的组织和硬度的变化。

如下页 [1] 所示，通过热处理，材料发生了很大的变化。在英语中，热处理被称为“heat treatment”。其实在日常生活中，“treatment”这个词对我们来说还是比较熟悉的，例如，洗发后使用冲洗剂或护发素，其目的是提高或恢复头发的自然属性，如光泽和光滑。

热处理技术，如下页 [2] 所示，主要分为三大类。

现在已经很难说清楚，热处理技术存在了多长时间。据说人类在大约 7000 年前第一次接触到铁。最初的铁是上天所赐的礼物：陨铁。后来，人类在森林火灾的遗迹中发现了“还原铁”，并找到了硬化和软化铁的方法，通过这些方法，使制造铁质的日常用品、工具和武器成为可能。而在这个过程中，热处理作为一种工匠技术被发明和继承下来，时至今日，更是拥有了科学理论的支持。

- **热处理是一种广泛应用于钢铁产品的技术。**
- **其作用是激活钢铁材料的自身潜力。**
- **据说，人类第一次接触到铁是在大约 7000 年前。**

[1] 加热和冷却（以S45C碳钢为例）

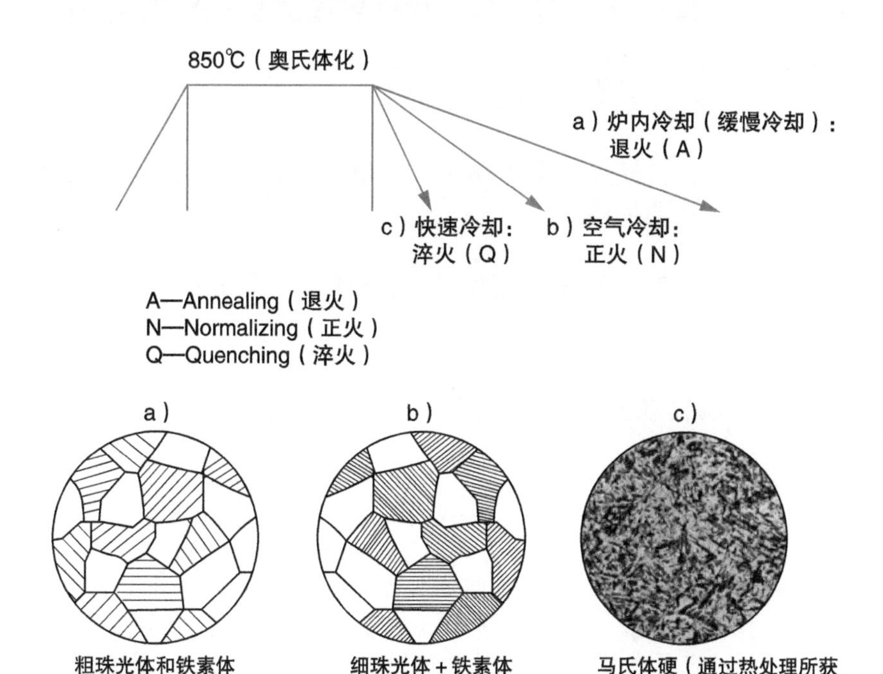

热处理的作用：如果进行类比，可能比较像我们日常生活中使用护发素的作用。

[2] 三大类热处理技术

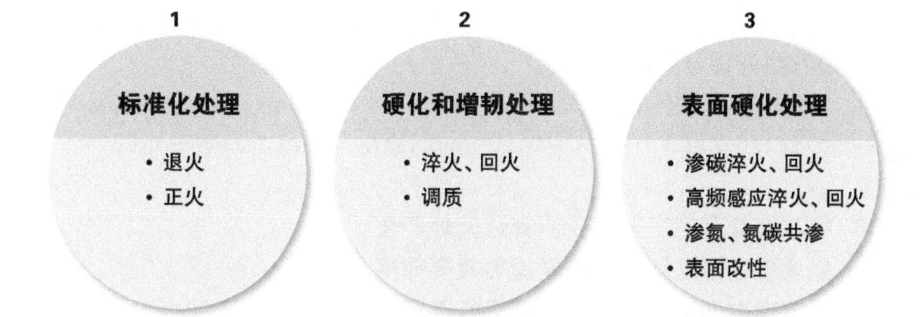

日常生活和热处理技术之间的关系

热处理是一项支撑人类的物质生活、各行各业，甚至生命的技术。

热处理在日常产品中被广泛使用，它在确保产品的质量方面发挥着重要作用。

为丰富物质生活提供支持

在高速公路上飞驰的汽车，以 320km/h 的速度行驶的新干线，在露天矿场开采铁矿石的超大型挖掘机，为我们提供舒适生活环境的空调、冰箱和其他家用电器，以及已经成为生活中不可或缺的手机和个人计算机。

这些产品的主要部件，例如驱动装置，是由各种钢铁材料制成，并经过了各种各样的热处理，包括接下来讲解的退火、回火、淬火和回火、表面硬化以及最新的表面改性技术，在这些热处理之后投入使用。根据产品的要求，热处理技术，可提高材料的强度、耐磨性、疲劳强度以及耐蚀性。生活中的钳子、螺丝刀、剪刀、菜刀等家用工具，也需要在仔细考虑其材料后进行相应的热处理。

下一页的表格显示了一部分上述提到的产品与零部件的材料和与之对应的热处理方法。

就产品零部件的质量而言，可以把零部件分为“关键零部件”“重要安全零部件”和“安全零部件”等级别，其中最高级的是零部件的破损可能致命的“关键零部件”。热处理技术在保证这些零部件的质量方面发挥着重要的作用。从某种意义上讲，我们享受着舒适生活的同时，其实也把自己的生命托付给了组装有热处理零部件的产品。

所以，从事热处理工作的人，都应以所有热处理零部件都是“关键零部件”的心态进行热处理工作，从而保证产品的质量，提高产品的可靠性。

- **经过热处理的产品在我们身边无处不在。**
- **热处理在保证质量方面发挥着重要作用。**
- **热处理在涉及生活安全方面发挥着重要作用。**

身边经过热处理的产品示例

分类		零部件名称	材料	热处理方法
汽车	变速器	变速齿轮	SCM415	CQT
		传动齿轮	SCM415	CQT
		蜗杆	S45C	QT-IHT
		离合器踏板	SPCC	CNQT
	发动机	摇臂轴	S45C	GSN
		杠杆	SPHC	CNQT
		活塞环	FC	QT
		燃料喷嘴	SCM415	CQT
	动力转向装置	中心轴	SCM415	CQT
		活塞	SCM420	CQT
		弹簧杆	S48C	QT-IHT
产业机械		齿圈	SCM415	CQT
		钻头	S50C	QT-IHT
		刮刀	SKS5	QT
家电		滚柱	特殊铸铁	QT
		马达中轴	SPCC	A
		铁心	透磁钢	A
工具		扳手	S50C	QT
		螺丝刀	SCM435	QT
		锤子	SNCM439	QT
自行车、摩托		盘齿	SPCC	CNQT
		链节	S50C	QT
		踏板轴	SCM415	CQT

※表中的热处理方法符号说明

QT—淬火+回火　CQT—渗碳淬火+回火　A—退火

CNQT—碳氮共渗淬火+回火　GSN—气体氮碳共渗

IHT—高频感应淬火+回火

在我们身边，到处都是组装有热处理零件的产品。

3 从铁器到高性能零部件——热处理的发展

自明治时期（1868—1912年）以来，热处理技术有了很大的发展。

人类第一次接触铁是在大约7000年前，来自陨石的陨铁。

今天，我们还需要应对环境问题

因为铁更容易加工，所以随着对硬质铁认识的提高，人类从使用石器打猎转向使用铁制的农具耕种。之后，又发展出了用于攻击敌人和保卫自己的铁制武器。另外，制作工具和武器时应用的锻造技术，不但可以去除材料的杂质，使材料更容易成形，而且锻造的同时也伴随着热处理过程，使材料的强度得到了进一步提高。

日本最早的钢铁，据说是奈良时期（710—794年）的踏鞴炼铁。随着钢铁材料质量的提高，用于耕作的工具，如锄头和犁，用于建造寺庙和房屋的木工工具，如刨刀、凿子和锉刀，以及用作武器的刀剑得到了改善。碳含量和淬火之间的关系，也在观察火花、火色，以及试用冷却介质的过程中，得以掌握，并且通过代代相传不断进步。

在明治时期（1868—1912年），钢铁产品和机械的进口，以及热处理学科体系的引入，促进了日本热处理技术的发展。从在空气中加热，到使用木炭的固体渗碳、盐浴热处理，再到今天的可控气氛热处理，热处理技术发生了巨大的变化，具体如下页的表所示。这主要是因为，用户对提高机械、运输设备以及家用电器的性能和安全性的需求在不断增加，从而带来了对这些设备的性能有重大影响的热处理技术的迅速发展。在未来，我们期望能看到，考虑到环境因素的热处理技术的进一步发展。而且随着对零部件性能要求的不断提高，也必将导致材料、加工和热处理技术的进一步发展，未来可期。

- **人类与铁的第一次接触是在大约7000年前。**
- **在奈良时期（710—794年），日本开始了踏鞴炼铁。**
- **自明治时期（1868—1912年）以来，热处理技术有了很大的发展。**

钢铁和热处理技术的发展

年代	事件	点评
公元前5000年	在美索不达米亚的萨迈拉遗迹中，发现铁器	这被认为是人类第一次接触铁
公元前1400年	在小亚细亚的赫梯，居民开始使用铁制武器	这时可能已经有了热处理技术。
公元前1000—600年前后	中欧和埃及等地进入铁器时代	推测可能已经开始使用热处理技术来制造农具和日用品。
800年	日本开始“踏鞴炼铁”	日本的炼铁被认为始于奈良时代(710—794年)
16—17世纪	开始固体渗碳	大概在18世纪进入技术成熟期，开始固体渗碳
1600年代(江户时代)	“踏鞴炼铁”进入成熟期	和钢(一种日本钢)进入全盛期，而且开始出口。
1920—1923年	A.H.Fry博士发明气体渗氮工艺	
1925年	开始气体渗碳	
1940年代(二战的前、中及后期)	固体渗碳和盐浴热处理进入全盛期	
1950年代后半段	气体渗碳(变成炉式)在美国开始实用化，日本开始引入	正式进入表面硬化热处理大生产时代
1980年	滴注式气体渗碳开始实用化	
1990年代以后	为了减少环境负荷，陆续发明了基于真空技术的真空渗碳和离子渗碳	

4 热处理技术的应用示例——工具钢和汽车零部件

决定汽车性能的零部件需要实施热处理。

很多日常工具和汽车零部件，采用钢铁材料并且需要对其实施热处理。

赋予材料强韧性和耐磨性

碳含量影响钢的力学性能，另外，钢在固体状态下的加热和冷却方式也会对其性能产生重大影响。利用这些特性，针对使用目的来改善钢的性能的过程称为热处理。

我们身边使用热处理技术的产品例子，包括钳子、螺丝刀、扳手和锯等手工工具，以及剃须刀、指甲刀等日常用品。

另外，据统计一辆汽车中大约有 30000 个零部件，其中约有 2000 个实施了热处理。

工具钢要求具有硬度、韧性和耐磨性。用于手工工具的碳素工具钢，淬火后在 150~200℃下进行回火（低温回火）。因为碳素工具钢价格低廉且热处理工艺简单，其产量约占所有工具钢的一半。然而，由于碳素工具钢淬透性低，在高温下容易软化，所以不适合用于大型工具。为了改善这些缺点，开发了含有 W（钨）、Cr（铬）、V（钒）等元素的合金工具钢，从而有效地提高了强度、耐磨性和耐热性。其中含有 W 和 Cr 的合金工具钢，在淬火和回火时，通过析出碳化物，可以进一步提高硬度和耐磨性（二次硬化）。

添加了合金元素的高韧性钢，也被应用于对韧性要求高的汽车零部件，如轴、齿轮、弹簧和螺栓等。这些零部件淬火到高硬度后，在高于碳钢的回火温度下回火（高温回火），以获得所需的高温强度和韧性。

- **汽车中使用的钢铁零部件，有四分之一须经过热处理。**
- **目前，渗碳和碳氮共渗在汽车零部件的热处理中占比最大。**
- **对于同样的零部件，其热处理方法随着时间的推移不断进步。**

热处理技术的应用示例——工具钢和汽车零部件

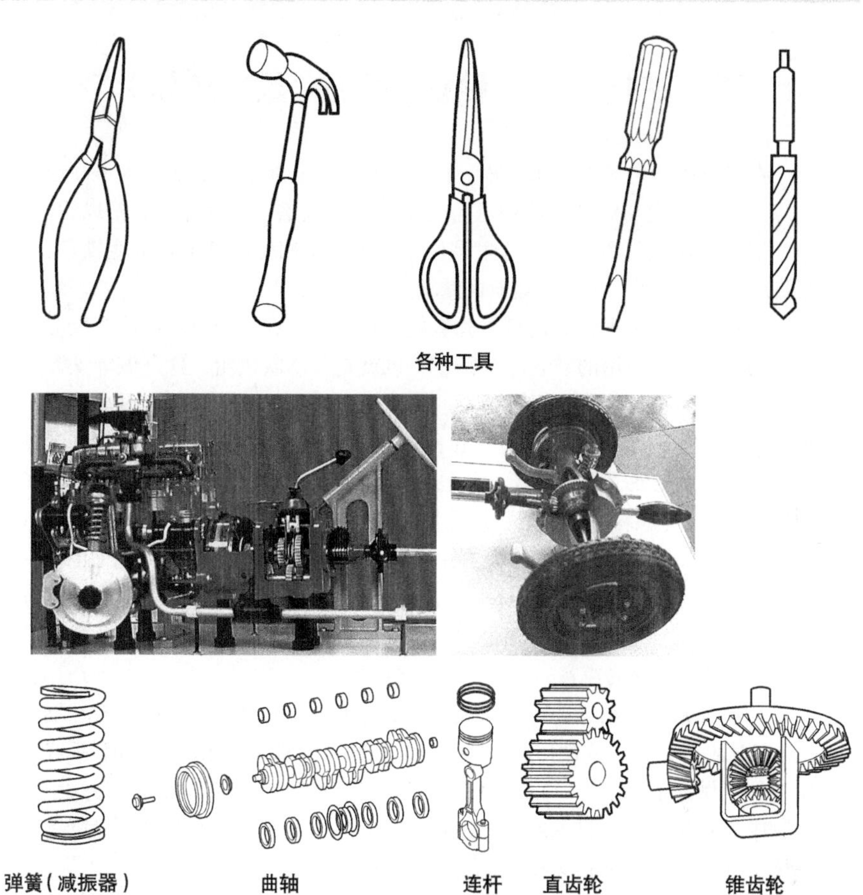

各种工具

汽车剪切模具和各种钢铁零部件

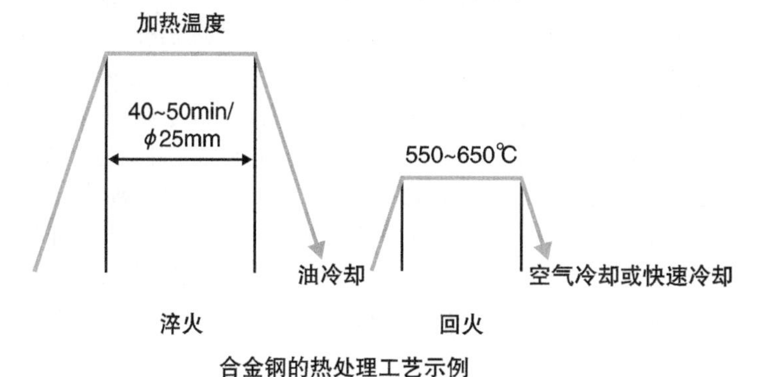

合金钢的热处理工艺示例

小专栏

游学笔记——一种炼铁古法（踏鞴炼铁）

在二月的严冬里的三天三夜，村下（Murage，炼铁总负责人）不断地往炼炉里装木炭和铁砂。炼炉里是美丽的橙色火焰。尽管外面有暴风雪，但是炼铁厂依然气氛庄重。这里是位于岛根县横田町的鸟上炭火生铁厂，是目前日本唯一的一家仍在运营的踏鞴炼铁工厂。

踏鞴炼铁是一种古老的日本独有的炼铁方法，在向炉内输送炼铁反应所需的空气时，使用的装置称为踏鞴，也就是脚踏吹风箱，这是该炼铁方法的名字的由来。踏鞴是一种通过改变密闭空间的体积，来产生气流的装置。平成 12 年（2000 年）2 月，我和几个朋友一起参观了这家踏鞴炼铁工厂，并且有幸见证了出钢现场。黏土制成的炼炉里，陆续地被装入 10t 木炭和 10t 铁砂作为原料，点火后，从炼炉底部持续吹入空气。一次冶炼需要连续三天三夜，一炉的产量大约为 1.8t 的纯净度达到 99.8% 的“和钢”（也称为玉钢），其主要用途是制造日本刀。往炼炉内装木炭和铁砂的工作，由总负责人村下亲自进行。村下通过观察炼炉内火焰的颜色和火势，以及透过炉壁倾听铁液滴落的声音，来确定装料的时间。

炼铁开始后的第二天晚上，我们参观后回到了旅馆，之后第三天一早 3 点离开旅馆又到了炼铁厂。这时的现场充满了为即将到来的“出钢”（成钢出炉）做准备的喧嚣，以及对能否顺利“出钢”的紧张和期待。在这个气氛中，我深深地被村下的一个还在上小学的小孙子脸上的既紧张又凝重表情所震撼，感受到了技术和文化的代际传承。

始于奈良时代（710—794 年），并在江户时代（1603—1868 年）蓬勃发展的踏鞴炼铁，在第二次世界大战后迅速衰落，甚至一度消失。在日本国家文化事务局和其他机构的努力下，如今它又被成功再现。工厂两边的吊门现在已经被打开，一切准备就绪，而外面的暴风雪，这时也吹进了厂内。首先，炉渣被取出来，然后随着炼炉被打破，热气扑面而来，在炉子的底部，我们终于看到了玉钢。钢被拉出后迅速放进了外面的水箱，周围都被笼罩在了蒸汽中。玉钢的横切面真的很美，闪闪发光，熠熠生辉。

这家工厂每年的冬天炼制 4 次，共生产约 8t 玉钢，出售给遍布日本各地的刀剑制造厂。兴奋和寒冷相交融的参观结束后，我们回到旅馆，吃早餐时品尝了当地的名叫“玉钢”的美味清酒，这真是一个令人难忘的经历。

钢铁材料的特性与热处理基础

经过热处理后的钢铁材料是什么样的，其性能如何？期待的热处理效果是什么？

本章将介绍钢铁材料的特性及其热处理效果。

钢铁材料的特性是什么？

主要优点是涵盖了广泛的强度范围。

现在之所以普遍地使用钢铁材料是因为其拥有包括广泛的强度范围在内的众多优点。

抗拉强度和韧性

在历史课上，我们学过石器时代、青铜时代和铁器时代这些历史阶段。但是，如果我告诉大家，我们现在仍然处于铁器时代，我猜大家一定会感到惊讶。那么在我们的周围使用了如此多的钢铁材料，这又是为什么呢？

钢铁材料具有以下特点：①高加工性；②有丰富的铁矿石作为原料；③成本低；④耐用。而且其最大的优点就是涵盖了广泛的强度范围。钢材所需的基本性能之一是强度（一般是指抗拉强度）。强度是指对施加在材料上外力的抵抗力的大小。拉伸试验用来测量这个抵抗力。下页 [1] 显示了低碳钢在拉伸试验中的应力与应变。而对于高碳钢、铸铁以及非铁金属材料，因为没有下页 [1] 中显示的屈服点，通常以 0.2% 应变的应力作为其屈服强度。不能在超过其屈服强度或抗拉强度的情况下使用材料。下页 [2] 显示了各种材料的抗拉强度的比较。钢铁材料的抗拉强度范围是 200~4000MPa，而铝合金的抗拉强度则为几十至 1000MPa。FRP 玻璃钢（碳纤维），这是一种被认为可以取代钢铁的新材料，但是其强度范围也只是 700~1800MPa。钢铁材料这个广泛的强度范围优势，可以通过碳等合金元素的含量，以及热处理带来的组织变化来控制。下页 [3] 显示了各种组织的抗拉强度比较。

代表钢铁材料力学性能的另一个指标是韧性。因为可以通过控制钢铁材料的抗拉强度和韧性来扩大其应用范围，所以铁器时代在未来一段时间内仍将继续。

- **钢铁材料的强度范围大。**
- **可以通过碳等合金元素的含量及热处理来控制强度范围。**
- **钢铁材料的优点还包括其韧性。**

[1] 低碳钢在拉伸试验中的应力－应变图

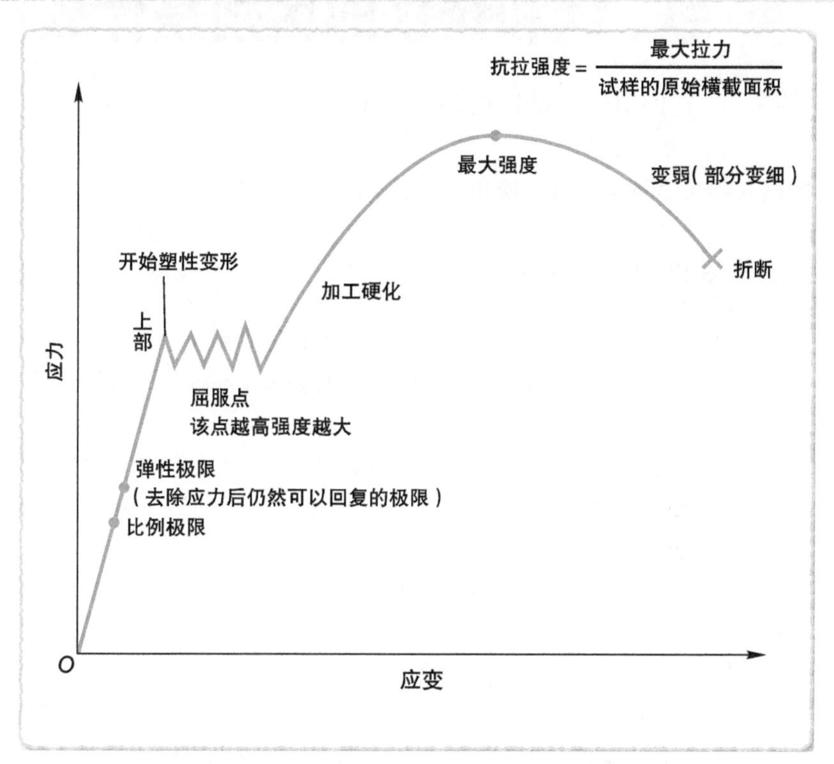

[2] 各种材料的抗拉强度的比较

[3] 各种组织的抗拉强度比较

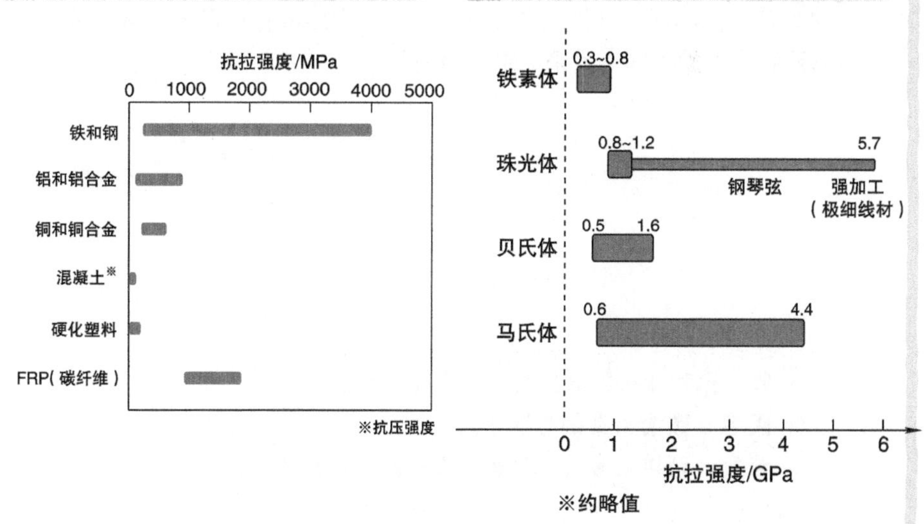

铁、钢和铸铁的区别是什么？

它们最明显的区别是碳含量。

根据其碳含量不同，铁、钢和铸铁表现出不同的特性。

碳是最重要的合金元素

平常，我们把铁、钢和铸铁不加区分地称为钢铁材料。

但在本质上它们是不同的。那么铁、钢和铸铁的区别是什么呢？是碳含量的差异。为什么呢？

猜想一些读者可能会感到惊讶，在钢和铸铁中竟然含有碳。而且根据碳含量明确地区分出了三种材料：铁中碳的质量分数小于 0.02%，钢中碳的质量分数为 0.02%~2.1%，铸铁中碳的质量分数大于 2.1%，见下页 [1]。

固态碳溶解于固态的 γ 铁、钢或铸铁中，这称为固溶。两种或更多种合金元素固溶在一起形成的物质称为合金。碳是最重要的合金元素。根据碳含量的不同，铁、钢和铸铁表现出了非常不同的性能（硬度、强度等）和组织。

热处理就是通过发挥这些特性，以达到预定用途的技术。Fe-C 相图显示了铁（纯铁）在不同碳含量和不同温度下的状态。下页 [2] 显示了铁、钢和铸铁的分类，以及它们在固溶状态下的组织。

热处理方法不同，其组织和强度不同。其中碳的作用最大。从下页 [2] 中可以看到碳含量的不同所带来的组织的差异。

- **铁、钢和铸铁的区别在于碳含量不同。**
- **固溶 = 碳溶解在固态铁中。**
- **合金 = 两种或多种元素固溶在一起形成的物质。**

[1] 根据碳含量区分的名称

	碳含量（质量分数，%）
铁	<0.02
钢	0.02~2.1
铸铁	>2.1

※碳含量是约略值。

[2] Fe-C 相图中，不同碳含量的组织

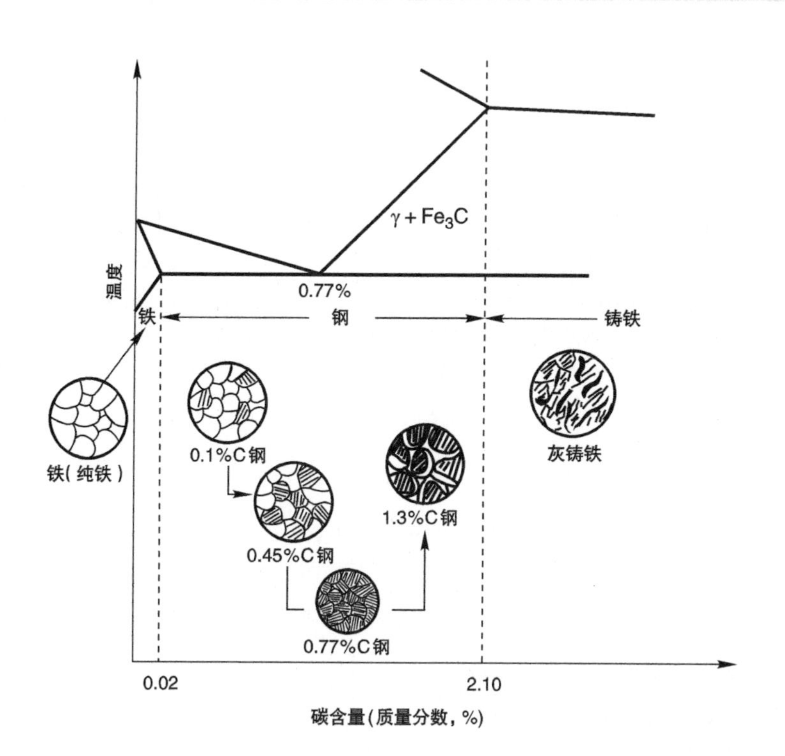

碳在钢中的作用

钢的硬度与碳含量密切相关。

如果合金元素中没有碳，那么就不会出现钢，如此铁器时代也根本不会到来。

并不总是“一心同体”

如果合金元素中没有碳，钢就不会通过淬火得到硬化，也不会获得强度。碳是影响钢硬度最重要的元素。

碳可以溶于铁晶体之中，也可以形成渗碳体（Fe_3C）晶体。而特殊钢中，例如工具钢，碳可以与合金元素结合形成碳化物（如 WC、CrC、VC 等），或与合金元素 + 铁结合形成复杂的碳化物（复合碳化物），如 M_6C（其中 M 是铁 + 合金元素），这些碳化物使钢更硬，更耐磨损。在常温下的钢中，碳以渗碳体的形式存在，当把钢加热到奥氏体时，碳则会固溶于奥氏体中。之后如果缓慢冷却（退火或正火），会再次形成渗碳体；而如果快速冷却（淬火），碳会被固溶在 α-Fe 中，从而提高钢的硬度。

铁和碳并不总是“一心同体”。在高温下，铁原子和碳原子都非常活跃，例如在 900℃时，铁原子的排列以 10^4 次 /s 的速度移动。然而，当温度下降到 400℃左右时，铁原子就会停止运动。另一方面，即使在接近室温时，碳也会继续移动。当温度上升到 70~100℃时，封闭于 α-Fe 中的碳逐渐凝聚并开始析出，这种情况一直持续到约 350℃。然后，在 400℃左右，终于与产生活性的铁相结合，形成渗碳体。这导致了硬度的逐渐降低和韧性的增加。碳的作用并不局限于一个。

- **铁和碳有着密不可分的关系。**
- **钢的硬度与碳含量相关。**
- **并不总是“一心同体”。**

[1] 碳原子和铁原子排列方式随温度的变化

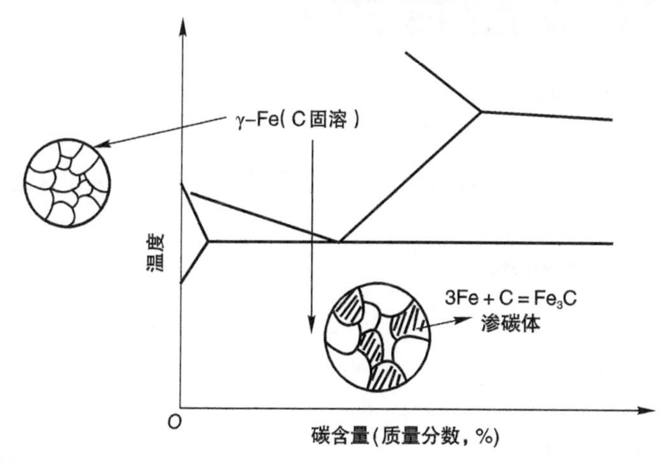

[2] 碳化物、复合碳化物

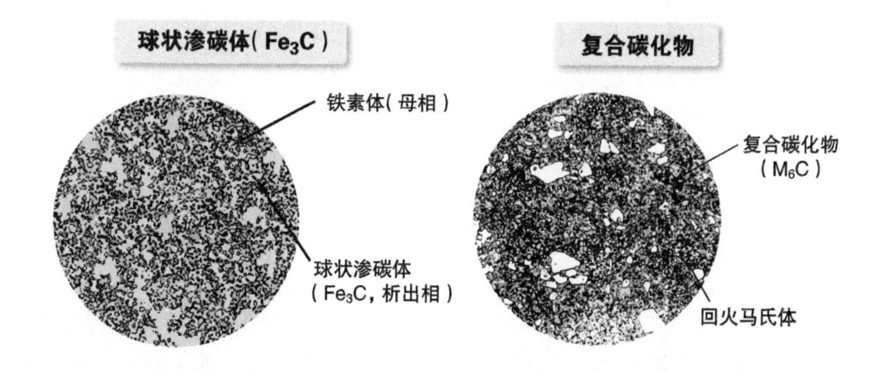

[3] 碳含量与硬度的关系

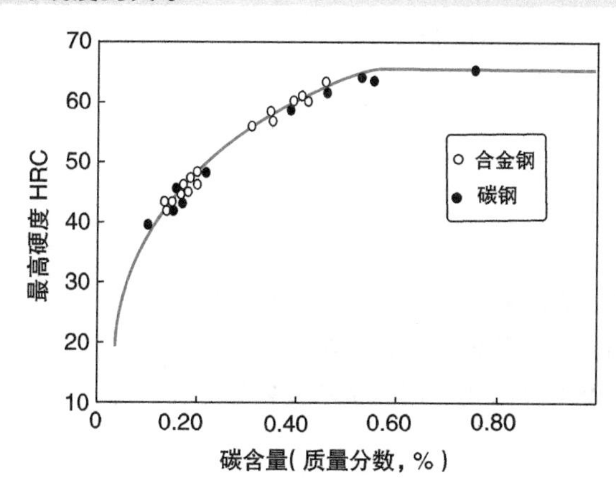

什么是合金？

关于钢的合金的作用机制。

抛开“什么是合金”这个难解的定义，下面只讨论与钢相关的合金。

钢是铁和碳的合金

这个合金是一种以铁为主体，并且与一种或多种其他元素组成的混合物质。如之前所述，钢是由铁与质量分数为 0.02%~2.1% 的碳构成的。因此，钢是一种铁和碳的合金。添加的元素称为合金元素，包括上一节中提到的金属元素 Cr、Mo、Ni、W 和 V 等。

从铁和碳来看，钢在被加热到 A_3 和 A_{cm} 相变点以上的温度时是完全奥氏体。此时，碳溶解在奥氏体（固溶体）中，所以观察这种状态下的组织时，看不到碳。这类似于将糖溶于水。然而，如果将溶解了碳的奥氏体缓慢地冷却，那么铁素体和渗碳体就会在达到 A_1 线时析出。这称为 A_1 相变（共析转变），其中的渗碳体是一种铁和碳的化合物。

因此，有两种类型的合金：固溶体和化合物。后者一般称为金属间化合物，具有硬度高、脆、电阻大，以及结晶结构复杂等非金属的性质。除了 Fe_3C，还有 WC、VC、TiC、TiN 和复合碳化物等，见下页的 [1]。

另一方面，前者的固溶体有两种形式：一个是间隙固溶体，见下页 [2]，其中的原子直径是比铁小的碳和氮（溶质），它们侵入铁（溶剂）的晶格之间。另一种类型是置换固溶体，见下页 [3]，大致与铁的直径相同的溶质（如铬、钼等），侵入铁之后与铁原子交换位置。通过这种方式，合金状态随着温度和含量的变化而变化。

- **钢的合金有两种类型：固溶体和化合物。**
- **金属间化合物的性质是硬且脆。**
- **固溶体有两种形式：间隙型和置换型。**

[1] 合金的类型

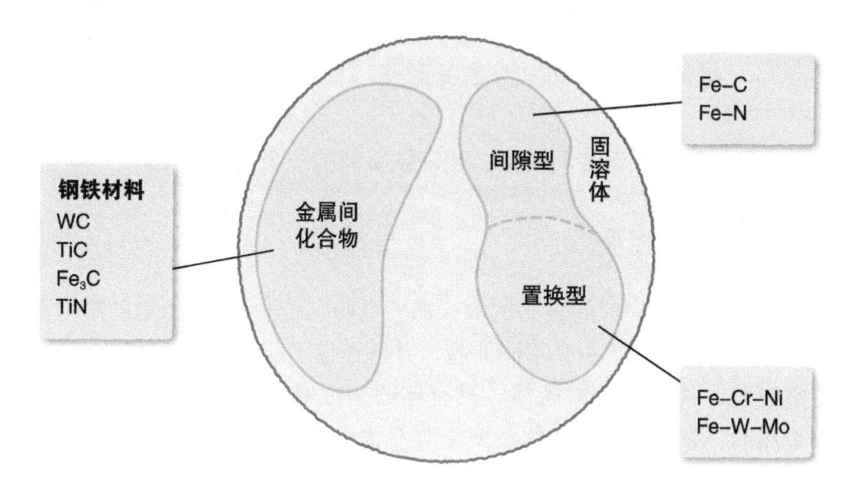

[2] 间隙固溶体

A元素的原子　B元素的原子

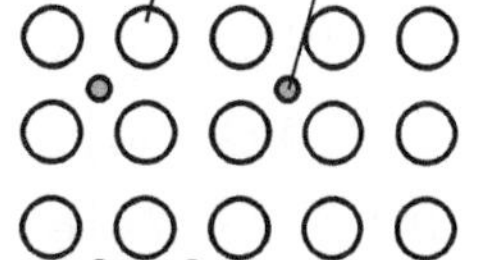

原子直径(测量值)

Fe：140(156)pm

C：70(67)pm

[3] 置换固溶体

B元素的原子

A元素的原子

原子直径(测量值)

Fe：140(156)pm

Cr：140(156)pm

合金状态随着温度和碳含量的变化而变化。

※1pm=10^{-12}m

什么是钢铁材料的相变？

晶体结构和属性随温度变化。

相变，即组织根据温度而改变，是钢铁材料的一个重要特性。

钢铁有九种相变

在中国四川省有一种的表演艺术，即“变脸”。当一张被遮盖的脸从侧面转到正面时，它就变成了一张不同的脸，并且连续不断。

在室温下，铁是一种固溶体，具有体心立方晶格（α-Fe）的晶体结构。当它被加热时，在 910℃它突然转变为具有面心立方晶格结构的固溶体（γ-Fe）。这个变化就像是上面提到的“变脸”一样突然完成。继续加热到 1400℃时，晶格恢复到原来的体心立方晶格（δ-Fe）。再进一步加热的结果是熔融状态，即在 1538℃时熔化。在一定的温度下，铁的晶体结构的这种变化称为相变。同一种元素的一系列的相变称为同素异构转变。

相变不仅包括晶体结构的变化，还包括磁力相变，即材料从强磁性变成非磁性，以及马氏体相变，即材料被淬火成一种称为马氏体的更硬的结构。钢铁材料共有九种相变。如下一节中 Fe-C 相图所示，它们都是以 A 作为首字母来命名：A_0、A_1、A_{cm}、A_2、A_3、A_4。这个相图里，没有显示通过淬火得到的马氏体。马氏体相变可以在等温转变图（第 15 节）和连续冷却转变图（第 16 节）中得到确认。等温转变图显示了珠光体相变（Ar′ 相变）和马氏体相变（Ar″ 相变），连续冷却转变图显示了贝氏体相变。可以看出，钢铁材料在缓慢加热、缓慢冷却或从奥氏体状态下快速淬火时，会发生各种相变。它们与各种组织一起，共同造就了铁、钢和铸铁的广泛力学性能范围。

- **在室温下，铁是体心立方晶格。**
- **当铁的温度上升到 910°C 时，它转变为面心立方晶格。**
- **相变是钢铁材料的一个不可或缺的重要属性。**

铁的晶体结构随温度变化而变化

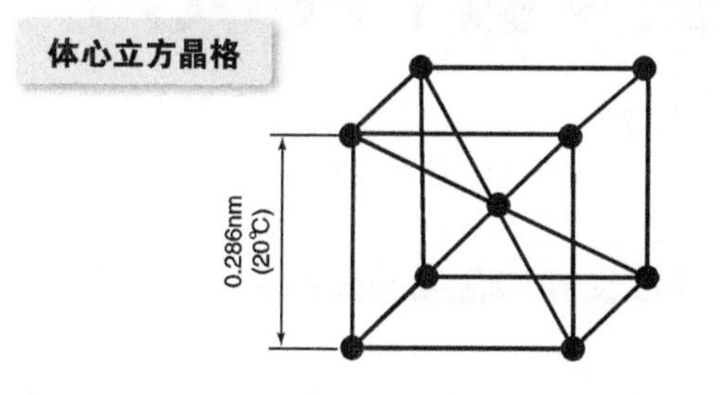

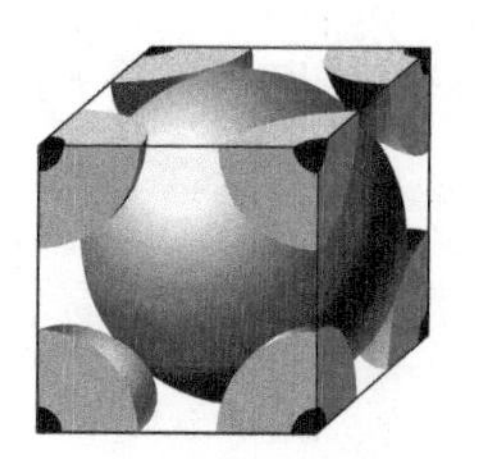

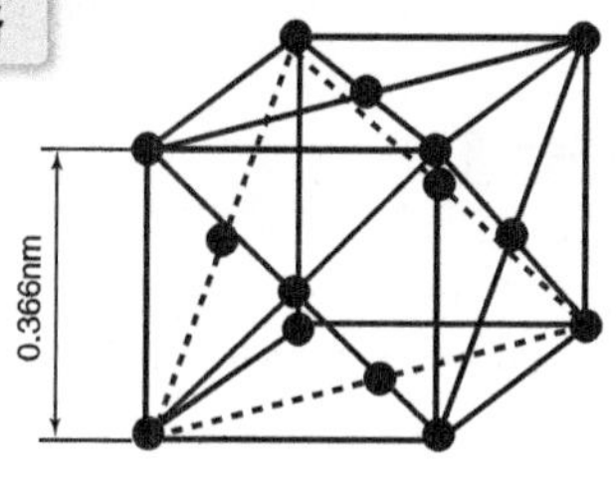

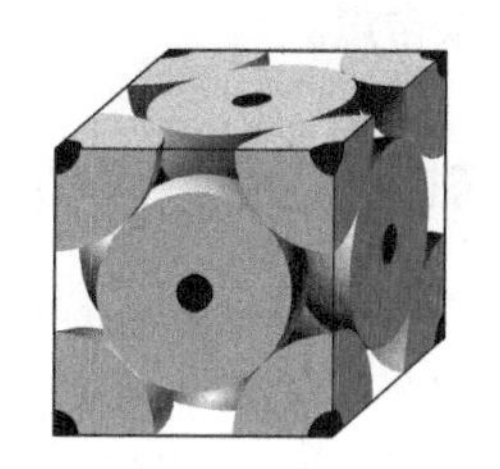

常温 ——（体心立方晶格）—— 加热 ——→ 910℃突然转变

——（面心立方晶格）—— 进一步加热 ——→ 1400℃转变回

——（体心立方晶格）—— 进一步加热 ——→ 1538℃时熔化

相变就像中国的“变脸”那样，突然改变。

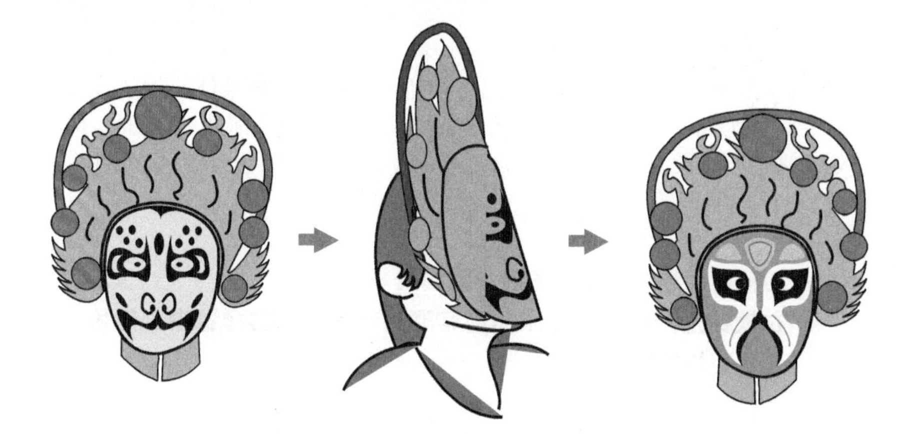

什么是铁-碳(Fe–C)相图? ①

显示组织的状态与温度和碳含量的关系。

为了制造钢(铁和碳的合金),碳被添加到熔融的铁液中,并且根据使用目的控制碳含量。

纵轴 = 温度,横轴 = 碳含量

前面已经提到,碳是钢的基本合金元素。铁-碳相图(以下简称相图)是显示铁和碳的二元系统在碳含量和温度变化时状态的图。相图的纵轴是温度,横轴是碳含量。这个相图同时也对应 Fe-Fe_3C(渗碳体)二元系统。Fe_3C 中碳的质量分数是 6.67%,所以横轴最大值是 6.67,该位置的竖线是渗碳体的析出线。

这里所说的平衡,是指"经过极长的加热和冷却时间之后的稳定状态"。相图可能比较难以理解,但在学习热处理技术时,会经常遇到相变、组织、林林总总的符号和温度,而这些都可以在相图中找到。下页显示了铁-渗碳体相图,以下对其进行简要说明。

关键词是两种相变。

(1)共析相变　当奥氏体钢缓慢冷却并通过 A_1 线(727℃)时,奥氏体发生相变,同时析出铁素体和渗碳体形成珠光体。因为铁素体和渗碳体分层析出,在显微镜下看起来像珍珠一样,故此得名珠光体。这种相变称为共析相变,也称为 A_1 相变或珠光体相变。

(2)A_3 相变(913℃)　这是室温下体心立方晶格的铁素体,加热升温后通过该点后转变为面心立方晶格的奥氏体的温度。这个相变称为 A_3 相变。奥氏体对热处理来说很重要,因为它的碳含量范围广泛,最高质量分数可达 2.1%。

- **相图显示组织与温度和碳含量的关系。**
- **在钢铁生产中,碳被添加到熔融的铁液中,其含量根据使用目的而被控制。**

铁－渗碳体相图

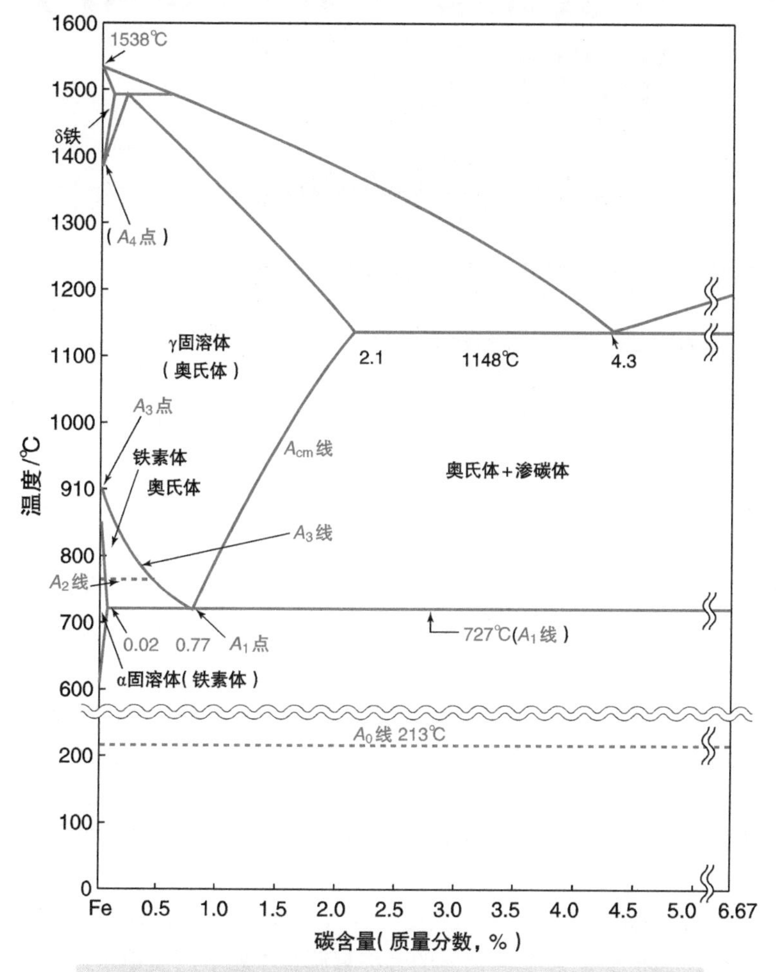

① A_0线： 渗碳体的磁相变点。
② A_1线： 升温时出现奥氏体的温度（727℃）。
③ A_1点： 共析反应[γ→P（珠光体）+Fe_3C（渗碳体）]的点（0.77%C）。
④ A_2线： 铁素体的磁相变点（770℃）。
⑤ A_3点： 铁素体变成奥氏体的点（910℃）。
⑥ A_3线： 在亚共析体钢中，铁素体开始从奥氏体中析出。
⑦ A_4点： 奥氏体到δ铁的温度（1400℃）。
⑧ A_{cm}线： 在过共析体钢中，渗碳体开始从奥氏体中析出的温度。
⑨ α固溶体： 仅含质量分数为0.02%的碳的固溶体，该组织称为铁素体。
⑩ γ固溶体： 具有广泛的碳含量的固溶体，该组织称为奥氏体。

以上的说明为了便于理解，适当地加入了温度值和碳含量值。

什么是铁-碳（Fe–C）相图？②

碳含量对组织产生影响的机理。

在本节中，将学习如何从相图中读取组织相变。

初析铁素体和初析渗碳体

相图中的 X 线（0.45%C）、Y 线（0.77%C）和 Z 线（1.3%C）处显示了，从奥氏体状态缓慢冷却时的组织相变，详见下页。

（1）Y 线　当奥氏体冷却并通过 A_1 点时，从 γ 固溶体→ α（铁素体）+ Fe_3C（渗碳体），从单一组织中瞬间分层析出两种组织。这称为共析反应，层状结构统称为珠光体。这种反应也称为 A_1 相变、珠光体相变或共析相变。这种碳的质量分数为 0.77%C 的钢称为共析钢，在室温下具有 100% 的珠光体组织。它与下页中的图 b 相对应。

（2）X 线（亚共析钢）　碳的质量分数为 0.45% 的固溶奥氏体被冷却，当穿过 A_3 线时，首先从奥氏体中析出只能固溶 0.2% 碳的初析铁素体 [见下页图中（1）]，随着温度的降低，奥氏体中的碳含量沿 A_3 线增加，在 A_1 点发生珠光体相变。室温下的组织是初析铁素体和珠光体的混合组织。对应下页中的图 a。

（3）Z 线（过共析钢）　碳的质量分数为 1.3% 的奥氏体被缓慢冷却，当穿过 A_{cm} 线时，初析渗碳体在奥氏体的晶界处析出 [见下页图中（2）]。由于渗碳体含有质量分数为 6.67% 的碳，奥氏体中的碳含量沿 A_{cm} 线下降，在 A_1 点发生珠光体相变。因此，室温下的组织是网状初析渗碳体和珠光体的混合组织。对应下页中的图 c。

- **亚共析钢、共析钢和过共析体钢的组织比较。**
- **亚共析体钢拥有初析铁素体，过共析体钢拥有初析渗碳体。**

通过铁－碳相图说明组织的相变

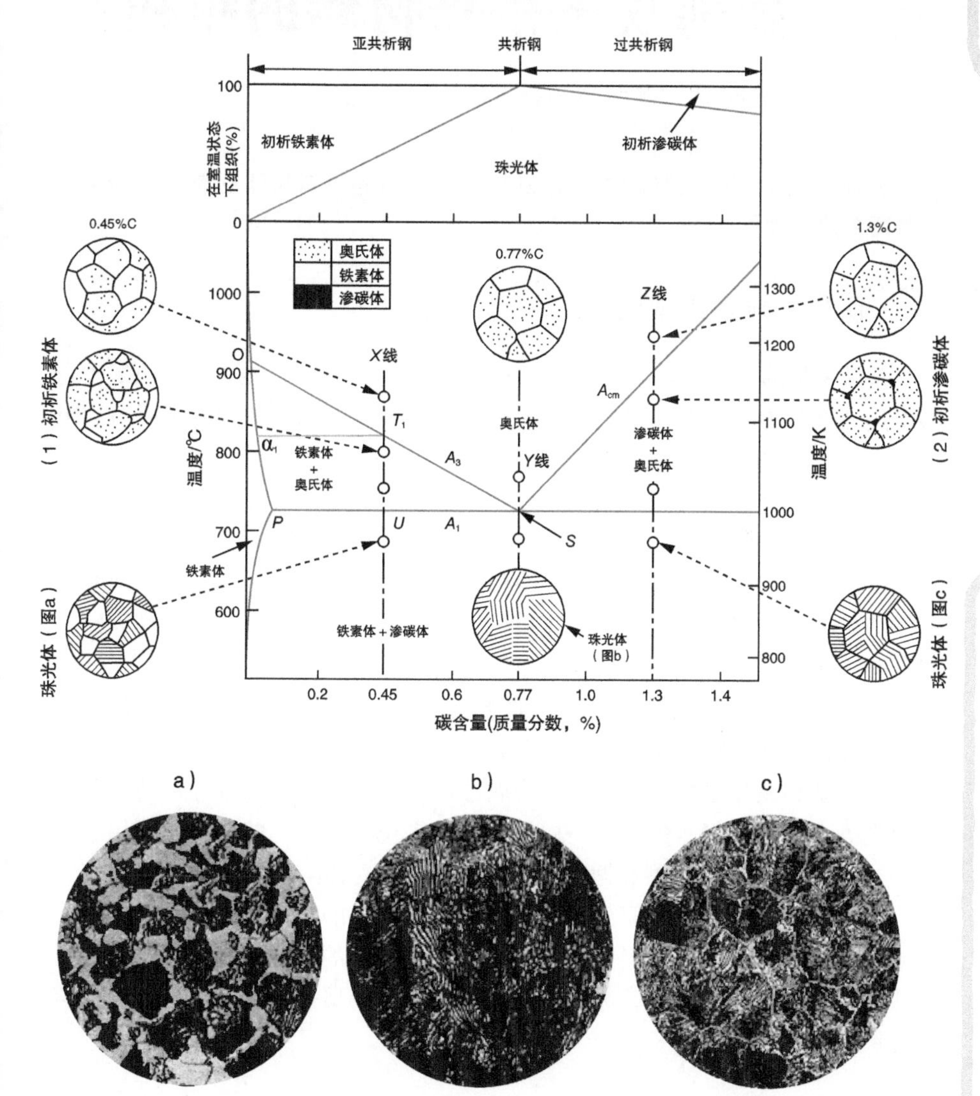

a） b） c）

如何观察钢铁材料的组织？

掌握热处理之前的材料组织。

在显微镜下观察材料的组织，以掌握加工后的材料晶体状态，并确定其是否适合热处理。

使用反射式显微镜

钢铁材料的性能与其组织密切相关，即使是相同的化学成分，其组织也会随着热处理和加工而产生变化。进一步讲，化学成分和热处理的不同引起组织变化，进而对材料的硬度、强度及韧性等力学性能产生巨大影响。

通过显微镜观察材料的组织，以掌握加工（轧制、锻造等）后的晶体状态、热处理的适宜性，以及非金属夹杂物的分布和碳化物的分布。

由于钢铁材料不透光，所以需要使用反射式显微镜，而不是用于观察生物体和矿物的透射式显微镜。当光束照在试样上时，可以观察到样品表面不同角度的反射光在显微镜中形成的图像。

试样按照从粗到精的顺序进行研磨和抛光。特别是薄的试样、线材等，要先将其嵌入合成树脂中，之后再研磨和抛光，见下一页 [1]。

在研磨和抛光之后，进行腐蚀。腐蚀可以通过使用腐蚀剂、加热着色或电抛光等方法来进行，但对于一般钢铁材料来说，最常见的方法是使用腐蚀液，见下页 [2]。试样研磨和抛光时的顺序见在下页 [3]。

我们可以通过腐蚀观察到组织的原因是，组织的每个部分被腐蚀的速度不同，从而导致其表面不平整，进而由于光的反射的不同而出现明暗区。而且即使是在单相的情况下，晶界也是清晰可见的，那是因为晶界比晶内更容易受到腐蚀。

- **即使是相同的化学成分，组织也会随着热处理和加工工艺不同而产生变化。**
- **使用反射式显微镜而不是透射式显微镜。**
- **试样在研磨和抛光后，进行腐蚀。**

[1] 晶界腐蚀后的光反射示例

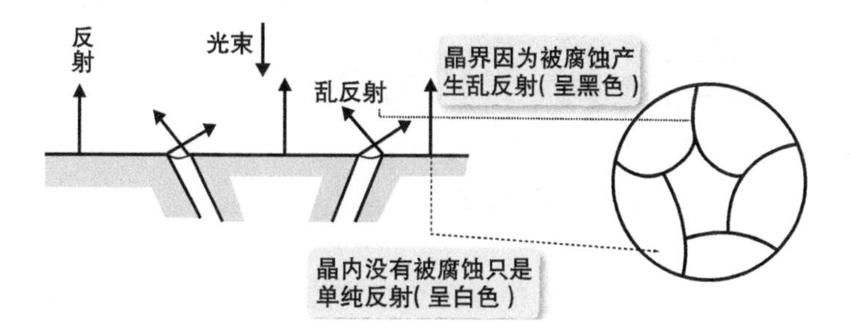

[2] 钢铁材料的腐蚀（蚀刻）液示例

	腐蚀液	成分	备注
钢铁材料腐蚀试剂	硝酸乙醇溶液	浓硝酸 2~5mL 乙醇 100mL	明确地显现出珠光体和铁素体的晶界
	苦味酸乙醇溶液	苦味酸 4g 乙醇 100mL	较硝酸乙醇溶液的腐蚀作用弱，因此便于显现微细的金属组织
	苦味酸钠溶液	苦味酸 2g 氢氧化钠 25g 加水至溶液总量达到100mL	可以腐蚀渗碳体等碳化物

[3] 试样在研磨抛光时的顺序示例

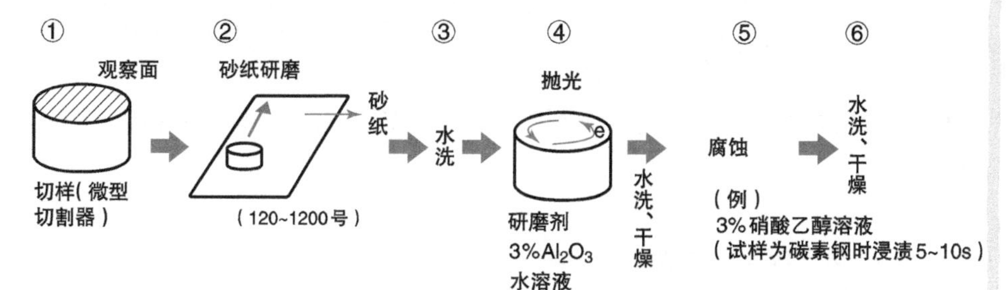

13 通过热处理获得的组织的名称和性能①

缓慢冷却时获得的组织。

人脸上的表情反映了内心的感受和身体的状况，对钢铁材料来说也是如此。

钢铁材料是一个“有 21 张面孔的怪人”

在“加热和冷却”的热处理过程中，钢铁材料根据冷却方法的不同表现出了各种组织。其中包括稳定的标准组织、坚硬的组织、强韧的组织，以及可能引起缺陷的组织等。组织通常以发现它的人的名字命名，并且命名时有以“××体”结束的传统。

现在让我们来看看钢铁材料在缓慢冷却时的标准组织。

（1）奥氏体　是英国人奥斯汀发现的，是钢被加热到 A_3、A_{cm} 线以上后所呈现的 γ 固溶体组织。因为该组织中碳的固溶含量范围极大，是钢材在淬火、退火等时的加热组织。其力学性能是塑性很好，强度低且具有一定韧性，见下页 [1]。

（2）铁素体　α 固溶体的组织名称，源自拉丁语的铁。由于碳的质量分数低于 0.02%，它几乎是纯铁。其力学性能是塑性好，强度低且具有高延展性，见下页 [2]，与奥氏体相似。

（3）珠光体　以英国人索比的名字命名的组织。当钢被加热到奥氏体状态后缓慢冷却时，铁素体和渗碳体在 A_1 点处，突然以条纹状析出。这种条状结构称为珠光体。珠光体虽然不是很硬，但是组织最稳定，见下页 [3]。

- **奥氏体 = 纯铁加热到 910~1400℃区域内的组织。**
- **铁素体 = 几乎是纯铁，碳的质量分数低于 0.02%。**
- **珠光体 = 最稳定的组织，虽然不是很硬。**

通过热处理获得的组织的名称 -1

[1] 奥氏体

・碳钢的高温显微组织

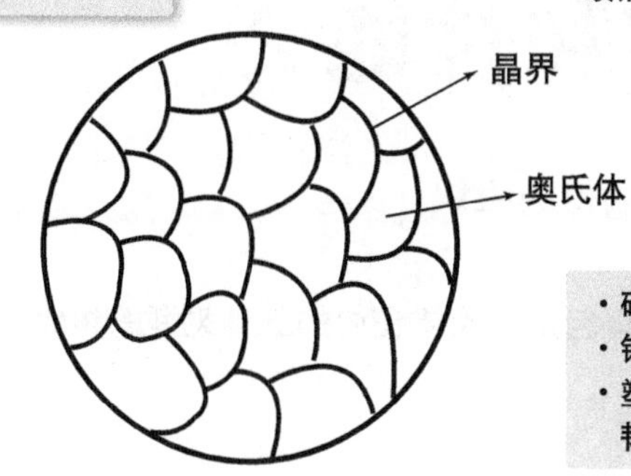

・碳的固溶含量范围大
・钢材淬火或退火时的加热组织
・塑性很好，强度低且具有一定韧性

[2] 铁素体

・在室温下观察到的工业纯铁组织

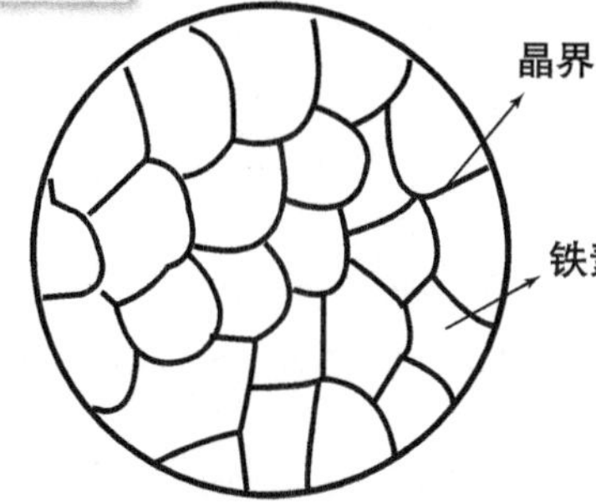

・α固溶体的组织名称
・几乎是纯铁，碳的质量分数低于0.02%
・塑性好，强度低且具有高延展性

[3] 珠光体

・在室温下观察到的S45C碳钢组织

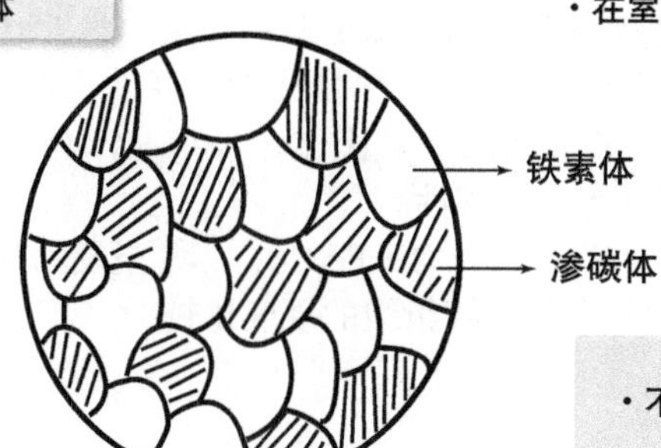

・不是很硬，是最稳定的组织

14 通过热处理获得的组织的名称和性能②

淬火和回火时获得的组织。

淬火和回火时获得的组织有包括马氏体在内的五种类型的组织。

刀具采用屈氏体组织

当钢被加热到奥氏体状态后，通过淬火得到的组织，以及淬火之后一定需要进行的回火后得到的组织。

（1）马氏体　它是一种由奥氏体状态的钢，在淬火后获得的典型的组织，是一种由于快速冷却导致碳被强制固定的 α 铁。其具有高晶格应变、高硬度和较高脆性，需要淬火后进行回火处理。基于其组织形态特征，它也称为板条马氏体或片状马氏体，见下页 [1]。

（2）屈氏体　它是由马氏体在约 400℃回火后得到的组织。在铁素体晶体内，有非常细的渗碳体晶粒，在硬度上仅次于马氏体，再加上它具有高韧性，所以常被应用于刀具。

（3）索氏体　它是马氏体在 500~650℃的温度下回火后得到的组织。与屈氏体相比，它含有的渗碳体更粗，所以硬度较低。然而，它更坚韧，也更耐冲击，下页 [2]。

（4）贝氏体　当从奥氏体状态下等温冷却（使用温度约为 550℃至 *Ms* 点的冷却介质进行等温冷却）时得到的组织。根据冷却温度的不同，出现了羽毛状的上贝氏体（550~400℃）和针状的下贝氏体（400℃至 *Ms* 点）。这是不需要回火的组织，并且坚硬而具有一定韧性。

（5）渗碳体　它是一种铁和碳的化合物（Fe_3C），非常坚硬和脆。

下页 [3] 显示了第 13、14 节中所介绍组织的硬度比较。

- **马氏体是一种变形大、坚硬、脆性较高的组织。**
- **屈氏体的硬度仅次于马氏体。**
- **索氏体具有更好的韧性和抗冲击性。**

通过热处理获得的组织的名称 -2

[1] 马氏体

- 碳被强制固定的α铁
- 变形大，坚硬，脆性较高
- 必须要在淬火后进行回火

[2] 索氏体

- 硬度低于屈氏体
- 韧性和抗冲击性有提高

[3] 碳钢的组织和硬度比较

	组织名	硬度 HRC（HBW 换算值）
1	马氏体	65.0
2	屈氏体	51.0
3	贝氏体	51.0~55.0
4	索氏体	34.0
5	珠光体（共析钢）	200 HBW（换算值 11.0）
6	珠光体 + 铁素体（S45C 碳钢）	180 HBW（换算值 8.0）
7	珠光体 + 网状渗碳体	250 HBW（换算值 20）
8	球状渗碳体 + 铁素体	210 HBW（换算值 15）
9	铁素体	70 HBW

什么是等温转变图（TTT图）?

在一定温度下的相变过程中，组织是如何变化的?

等温转变图也称为 TTT 图，三个 T 是时间 - 温度 - 相变的首字母缩写。

纵轴显示温度，横轴显示保温时间

淬火是指从奥氏体状态快速且持续地冷却。相比之下，等温转变图是过冷奥氏体保持在一定温度下的相变（时效相变）图，纵轴显示温度，横轴显示保温时间（对数刻度）。下页的图所示为共析钢（0.8%C）的 TTT 图。现在我们来看看保持在温度①～④下的过冷奥氏体相变情况。

温度①保持下的相变：保持在 A_1 点以下的温度，发生珠光体相变，形成稳定相。随着时间的推移，珠光体相变从 *Ps* 开始，到 *Pf* 结束。由于珠光体的快速生长，珠光体中的渗碳体粗大。

温度②保持下的相变：保持温度比温度①略低，但高于“鼻尖”温度。较低的温度意味着原子移动更慢，珠光体中的渗碳体细小。这增加了其硬度和抗拉强度。

温度③保持下的相变：保持在“鼻尖”温度的温度之下，相变成一种叫作贝氏体的组织，组织之中，细小的渗碳体分散在铁素体中。这种组织具有很高的抗拉强度和韧性。但是，尺寸厚大的工件很难实现均匀的内部和外部相变，因此该相变只适用于小型工件。

温度④保持下的相变：保持在 *Ms* 点以下的温度，这时马氏体相变已经开始。然而，相变非常缓慢，需要很长的时间。如果进一步降低保持温度，最终会达到 *Mf*，完成相变。

- **等温转变是指保持在一定温度下发生的相变。**
- **等温转变图中，纵轴 = 相变温度，横轴 = 保温时间。**
- **根据使用目的采用相应等温温度，从而得到所需的组织。**

[1] 共析钢的等温转变图（TTT 图）（示意图）

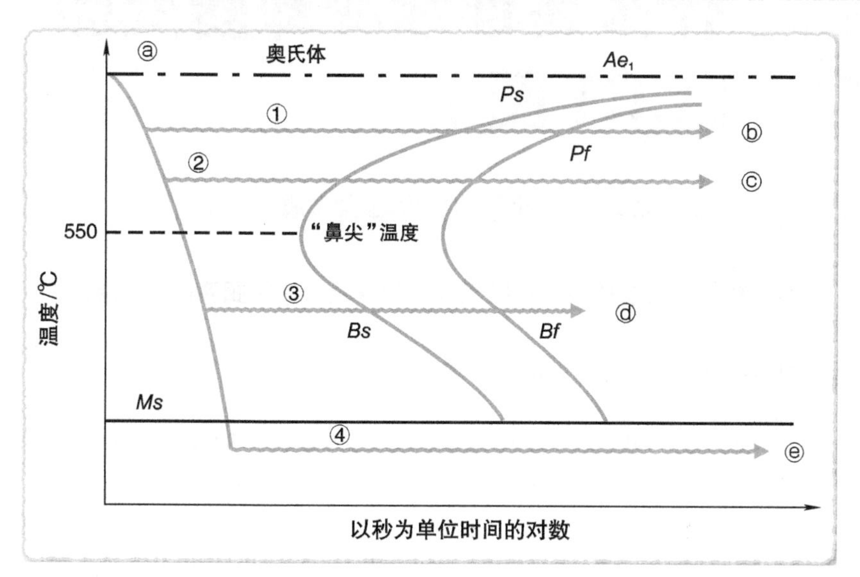

[2] 各种组织的示意图

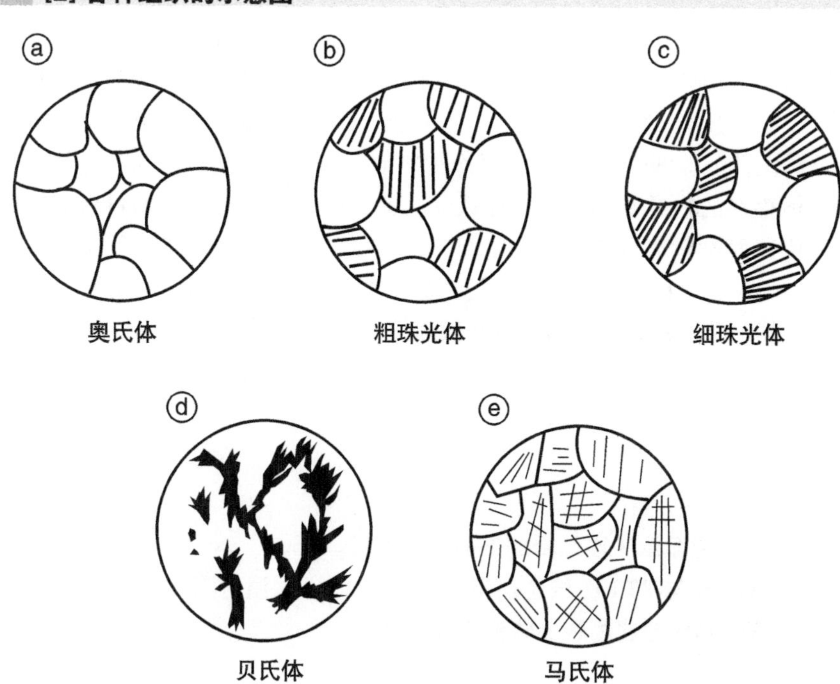

16 什么是连续冷却转变图（CCT图）？

显示在连续冷却下的相变过程曲线。

图示当材料以任意的冷却函数连续冷却时奥氏体相变的开始和结束。

纵轴显示温度，横轴显示时间

在实际的热处理操作中，冷却是连续的。例如，当S45C碳钢被加热到奥氏体，然后进行水淬时，它是被连续冷却的。连续冷却转变图（CCT图）显示了这个相变的过程。在下页的共析钢的CCT图中，纵轴显示温度，横轴显示时间（对数刻度）。奥氏体单相通过A_1线的时间被设定为0s。该图是等温转变图（图中实线）和连续冷却转变图（图中虚线）的组合图。在图中，P表示珠光体相变，小写的s和f表示相变的开始和结束。

下面用下页图中的五条虚线来说明。曲线①：冷却速度非常慢，相变在快速跨越Ps和Pf后终止，其室温下的组织为珠光体。曲线⑤：奥氏体单相得以保持，在通过Ms温度后开始马氏体相变，并在Mf温度时结束。室温下的组织是马氏体。曲线②：是下临界冷却速度，即材料完全相变为珠光体而没有马氏体存在的临界冷却速度。曲线④：是上临界冷却速度，即材料完全相变为马氏体而没有珠光体存在的临界冷却速度。曲线③：介于曲线②和④之间，微细的珠光体在ⓐ处析出，其余的奥氏体在ⓑ—ⓒ扩散相变停止线处析出马氏体。其室温下的组织是马氏体和微细的珠光体组成的混合组织。

- **CCT图显示了连续冷却下的相变过程。**
- **CCT图与TTT图结合使用。**
- **下临界冷却速度和上临界冷却速度。**

共析钢的连续冷却转变图（CCT 图）（示意图）

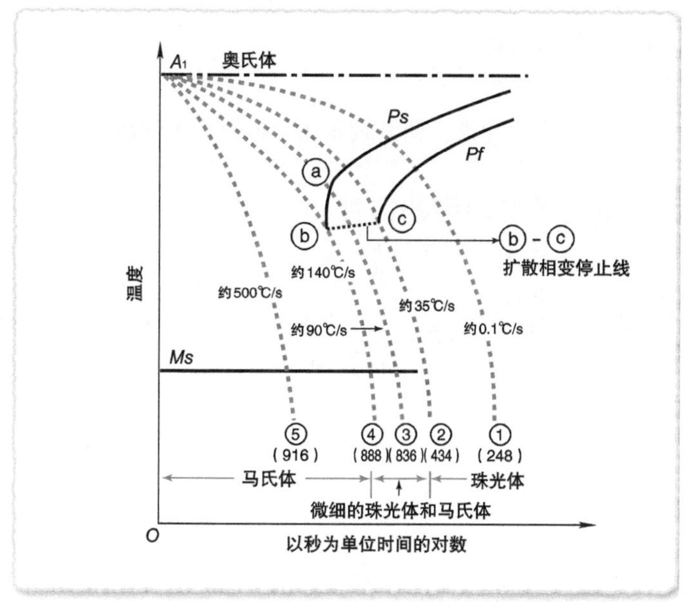

※括号内为硬度值（HV）

本图中，纵轴显示温度，横轴显示时间的对数刻度

含金元素的分类及其作用

锰、铬、钼等。

在合金钢中加入了合金元素，使其具有比碳钢更大的硬度和耐蚀性。

合金元素的影响和典型的钢种

碳钢是铁和碳的合金，除了 C（碳）之外，Si（硅）、Mn（锰）、P（磷）和 S（硫）在相关标准的化学成分表中也有规定。它们称为钢的五大合金元素。其中碳是最重要的合金元素。但是，根据钢种的不同，还需要耐磨性、疲劳强度、淬透性、回火稳定性、抗冲击性和耐蚀性等性能。为此，需要添加各种合金元素。合金元素对各种性能的影响程度，见下页。

1）唯一能增加淬火硬度的元素是 C。

2）改善耐磨性是通过在淬火和回火后的组织中（通过与 C 和 Fe-C 相结合）生成碳化物或复合碳化物来实现的。主要元素是 W（钨）、Mo（钼）和 V（钒）和 Cr（铬），其中的 Cr 较前几种效果略低。例如，WC 是最硬的碳化物，硬度范围为 2250~3200HV。

3）在增加淬透性（减少质量效应）方面，这些元素的作用是加深淬透层的深度，而不是淬透硬度。按效用排序是 Mn、Mo、Cr、Si 和 Ni，它们是主要的合金元素。下页 [2] 所示为各种合金元素的添加量与淬透性关系的淬火倍数。

4）增加回火稳定性的元素是 W 和 Mo，它们易于形成碳化物和复合碳化物。下页 [3] 所示为含 Mo 钢在高温回火时，细小的 Mo 碳化物的析出导致的二次硬化现象。

5）提高耐蚀性的元素是 Cr，不锈钢是含有大量 Cr 的合金，通过在最表面形成 Cr_2O_3 来阻挡氧气，从而提高其耐蚀性。

- **增加抗拉强度的元素：Mn、Cr、Mo。**
- **提高韧性的元素：Ni、Cr、Mn。**
- **提高淬透性的元素：Mn、Cr、Mo。**

[1] 在工具钢中添加的合金元素及其影响

主要效果	形成碳化物的元素					固溶元素	
	C	Cr	W	Mo	V	Ni	Co
提高最高淬火硬度	◎	△	△	△	△	△	△
改善耐磨性	◎	○	◎	◎	◎	△	△
增加淬透性（减少质量效应）	△	◎	○	◎	○	△	△
增加回火稳定性	△	○	◎	◎	◎	△	△
提高高温下的硬度	△	○	○	○	○	○	◎
提高耐冲击性	×	○	×	○	×	◎	△
提高耐蚀性	×	◎	△	△	△	○	△

◎—效果大　○—有效果　△—几乎没效果　×—负面效果

[2] 各种合金元素的淬火倍数

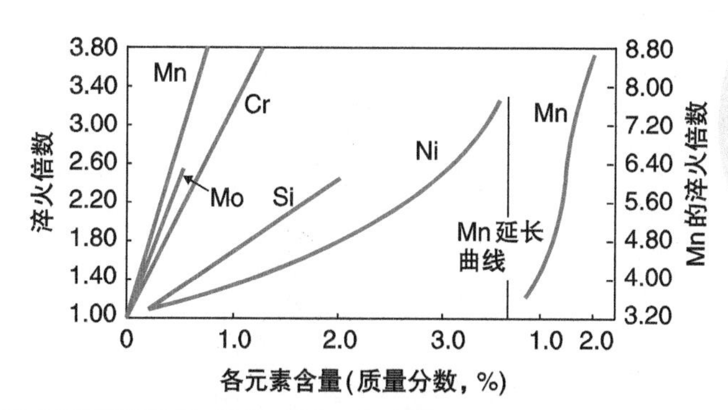

Mn、Cr、Mo是提高钢的淬透性的元素。

[3] 铬和钼对回火硬度变化的影响

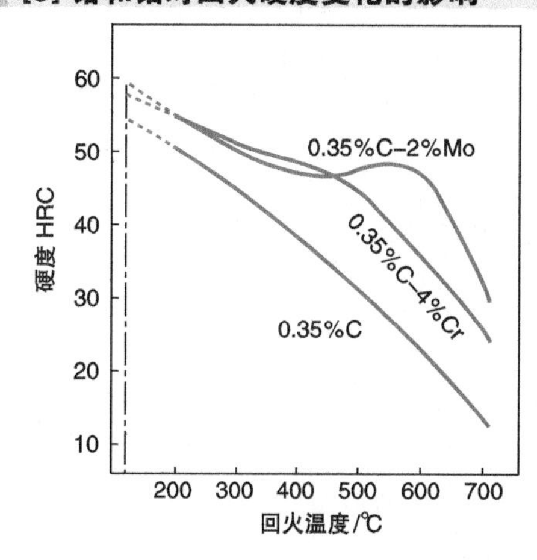

- 增加回火稳定性的元素：Mn、Mo、W、Cr、Si、Co等
- 产生二次硬化的元素：Mo、W、V、Ti、Nb、Zr、Cr等
- 增加抗拉强度和韧性的元素：Cr、Ni、Mo等

注：当回火温度达到400~600℃时出现的再度硬化的现象称为二次硬化。

第2章　钢铁材料的特性与热处理基础

热处理的方法和机理

具体来说，热处理是一门什么样的工艺？

本章对热处理中使用的设备和热源，以及热处理的类型、目的和机理进行了介绍。

要了解这里介绍的各种热处理在整个产品制造过程中的哪个环节进行，请参考本章内各节中的“热处理在哪个工序进行？”部分。

热处理的操作流程

在热处理过程中涉及各种操作。

在热处理过程中，受委托方和委托方应该注意的事项是什么？

明确划分存储区域

这里以渗碳淬火为例，简要说明从下订单到交付热处理零件过程中的关键点（请参考下页内容）。

接受订单：订单中包含热处理类别、材料、数量、单价等。规格书中包含渗碳处理的要求（有效渗碳硬化层深度，550HV）、表面硬度和内部硬度、表面组织（残留奥氏体、晶间氧化层的深度等）等。

准备夹具：选择要使用的夹具、工件摆放方法、批量和外观检查方法（以工作手册为据）。

检查：在渗碳淬火后，由线上工人抽样检查硬度（$n = 3$）。回火后，还要测量表面硬度和渗碳层深度，并将组织的观察结果一起输入检查记录表中。

热处理过程中最常见的问题是处理过的和未处理的产品的混合。因此，在未经处理的产品和处理过产品的储存区之间，以及在处理过程中，必须要有明确的隔离，以避免两者的混合。

在搬运过程中或处理过程中掉落的产品都需要被废弃，这一点也很重要。在热处理过程中，检查温度、气氛、油温和设备是否有异常也是操作员的一项重要工作。另外，工作记录、批次编号，以及工作记录的保管储存也很重要。

尤为重要的是，如果质量或设备出现异常，必须根据公司的内部规定联系相关方，并及早采取行动，以便将损失降到最低。

还有，在工场内形成5s（整理、整顿、清扫、清洁、素养）习惯，对质量和收益都有帮助。

- **仔细检查订货单和规格书。**
- **谨防混合处理过的和未处理的产品。**
- **发生异常时，尽早处理尤为重要。**

[1] 热处理的操作流程示例：渗碳工艺

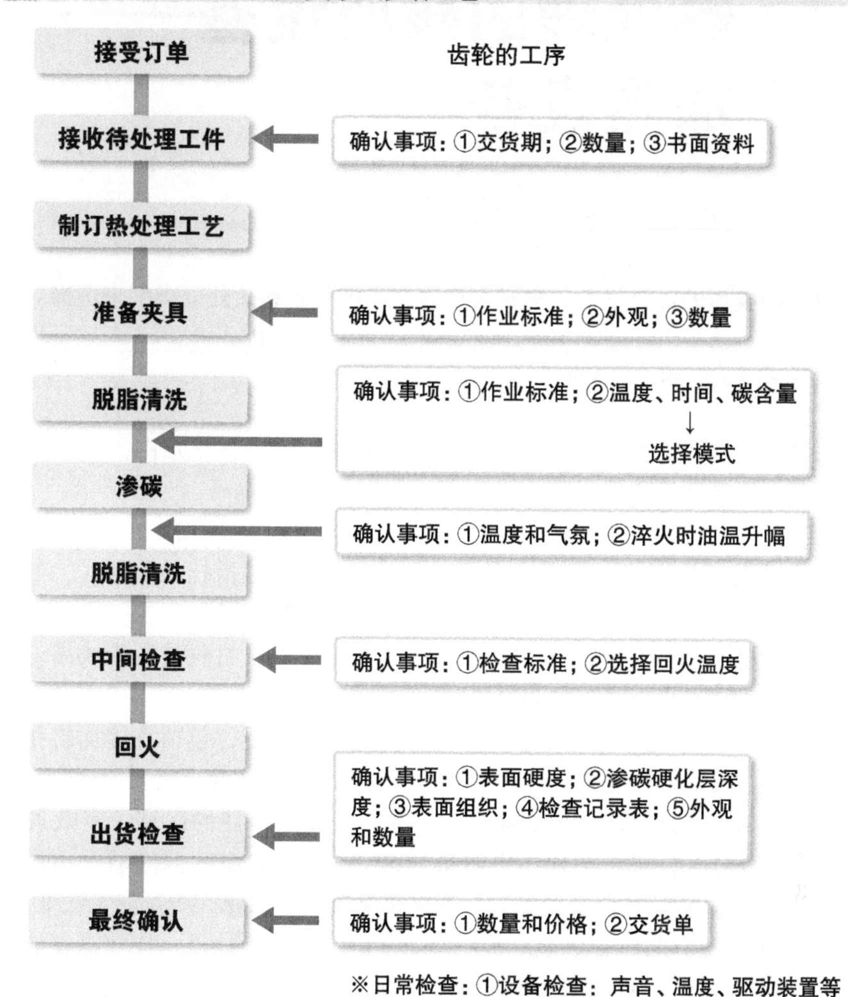

※日常检查：①设备检查：声音、温度、驱动装置等
②硬度计等

[2] 客户确认事项的示例

(1)订单

①热处理类别
②材料
③数量

(2)要求项目

①渗碳硬化层的深度
②表面硬度——测量位置
③内部硬度
④表面组织等

19 热处理的核心设备——加热设备

井式、间歇式、连续式。

有各种类型的加热设备，根据要处理产品的形状和热处理类别来选择。

设备精度逐年提高

近年来，热处理产品的性能和质量有了很大的提高。这是由于热处理设备的精度、温度测量和控制以及气氛控制技术准确性的提高。

常用的热处理设备大致可分为：①井式；②间歇式；③连续式。

间歇式包括推车式、箱式和多用途式，而连续式包括托盘推杆式、辊道式和网带式。这些设备使用的气氛可分为大气、中性气氛、可控气氛、真空减压等。设备和气氛的选择取决于待处理产品的形状，材料是否为成品，以及处理的类型（回火、渗碳、渗氮等）。

加热源可以是电、燃气或燃油，加热方式也很广泛，包括直接加热和使用辐射管间接加热。无论使用哪种类型的设备，都有一些要点需要记住。

首先，炉内的温度分布必须是均匀的。在装入工件的区域（有效加热区），均匀的温度分布是实现稳定质量的第一步。加热室的温度通常由热电偶、温度控制器和温度记录器控制。如果热电偶出了问题，质量就无法维持，所以热电偶需要定期检查更换。另一个重要的装置是搅拌器，搅拌器在加热室中使气体循环，以便气体与产品均匀接触，并保持温度的均匀性，加热室的耐热材料，多年来一直使用耐火砖，最近开始使用主要由 Al_2O_3 和 SiO_2 制成的陶瓷棉。

- **热处理设备分为井式、间歇式和连续式。**
- **根据目的选择设备和气氛。**
- **加热源可以是电、燃气或燃油。**

[1] 间歇炉和井式炉

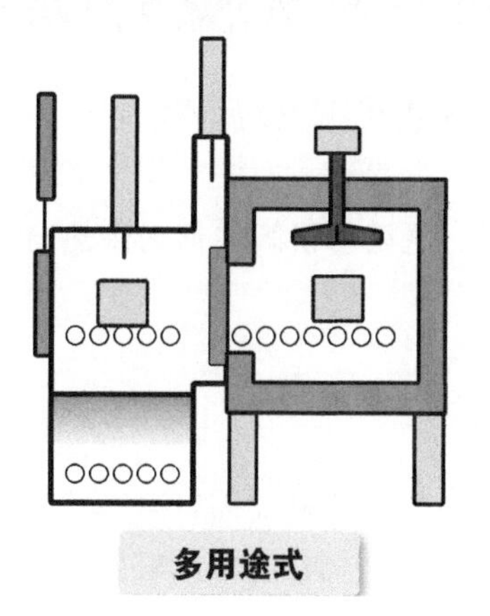
多用途式

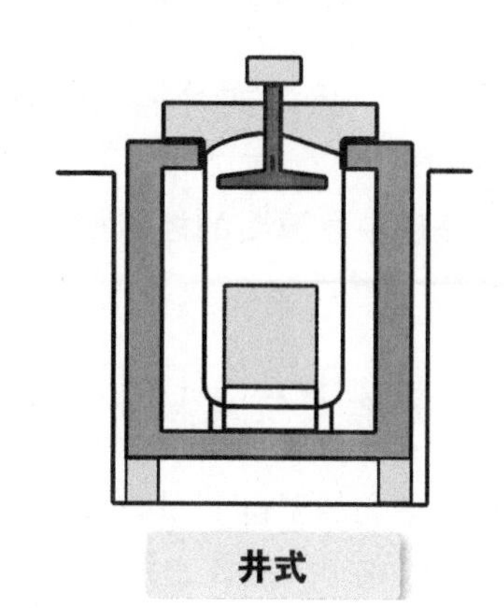
井式

[2] 直通式气体渗碳淬火炉

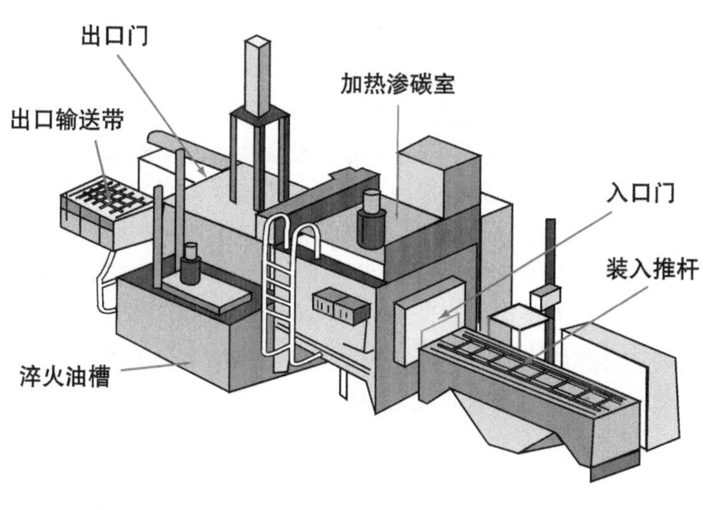

淬火炉也有几种类型，上面的插图是其中的一例。

20 热处理中重要的温度控制

接触式可插入气氛中，非接触式可测量辐射能。

热处理中最重要的控制技术是温度控制。这里将讲解如何使用热电偶和辐射温度计。

分别有其优点和缺点

两种主要的温度测量方法：接触式热电偶和非接触式辐射温度计，前者直接插入气氛中（固体、液体或气体），后者测量被加热物体的辐射能。以下是对其中最常见情况的简要介绍。

（1）热电偶温度计　当两根不同成分的金属线如下页 [1] 中左图所示连接在一起，并在结点 *a* 和 *b* 上施加温度差时，会有少量电流流动。如果结点 *b* 被打开，结点 *a* 被加热，由于温差，A 线和 B 线之间会产生直流电压或电动势（称为塞贝克效应）。结点 *a* 称为温度测量触点，结点 *b* 称为参考触点。参考触点过去是通过冰来设定为 0℃，现在是通过电子方式在测量仪器中设定。组装有这两根线的传感器就是热电偶。而使用这种热电偶的温度计称为热电温度计。由 JIS 规定的热电偶有八种类型，可以根据温度范围来选择，见下页 [3]。

温度测量是热处理的关键。温度计需要定期检查或更换。

（2）辐射温度计　当一个物体（包括钢铁材料）被加热时，它会发出红外线能量。通过接收器吸收这种能量，并测量接收器的温度变化，从而用辐射能量确定温度。这个方法可以测量 −50~3800℃的广泛温度范围。在热处理中，它用于控制加热迅速的高频感应淬火的温度和测量离子渗氮的温度。

不言而喻，每种方法都有其优点和缺点。

- **温度是最重要的管理项目。**
- **最常用的是热电偶温度计。**
- **辐射温度计的测量温度范围广泛。**

[1] 什么是塞贝克效应？

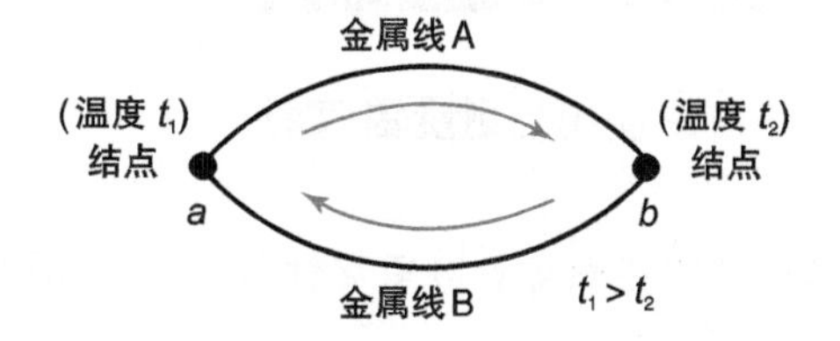

当两条不同金属线的两端被连接起来，并给一个端点加热时，该端点和另一个端点之间会产生一个热电动势。

[2] 热电偶的原理

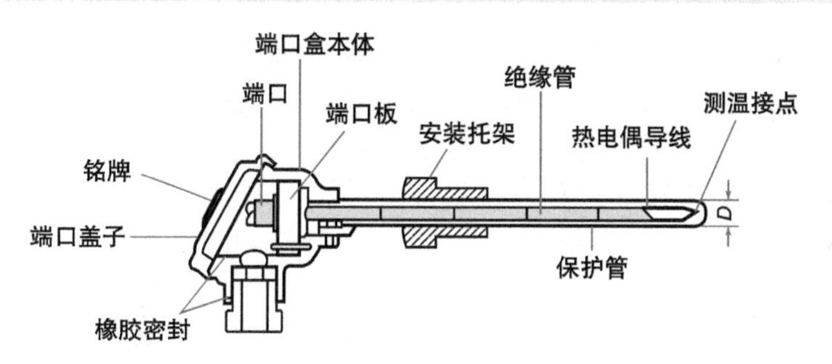

[3] 热电偶的种类

种类记号	构成材料		常用温度/℃（导线直径/mm）
	正极	负极	
B	含30%铑（Rh）的铂铑合金	含6%铑（Rh）的铂铑合金	1500（0.50）
R	含13%铑（Rh）的铂铑合金	铂	1400（0.50）
S	含10%铑（Rh）的铂铑合金	铂	
N	镍、铬、硅为主体的合金	镍、硅为主体的合金	850（0.65） 1200（3.20）
K	镍、铬为主体的合金	镍为主体的合金	650（0.65） 1000（3.20）
E	镍、铬为主体的合金	铜、镍为主体的合金	450（0.65） 700（3.20）
J	铁	铜、镍为主体	400（0.65） 600（3.20）
T	铜	铜、镍为主体	200（0.32） 300（1.60）

21 热处理中使用的气体

炉内的气氛气体根据各自的使用目的分别调整。

气体的主要类型有：①惰性气体；②中性气体；③氧化性气体；④还原性气体；⑤渗氮气体。

从使用目的出发

下页 [1] 列出了通常用于钢铁材料热处理的气氛气体（包括空气）清单。

（1）惰性气体　包括 Ar（氩气）和 He（氦气），它们与钢铁材料一起加热时不会发生反应。所以这些气体也不形成化合物。其中的 Ar 在空气中含有 1%，价格低廉，被应用于钛材料和不锈钢的光亮退火气氛中。然而，由于它比空气的密度大 1.4 倍，如果被吸入肺部将导致无法呼吸，很危险，使用时必须小心处理。

（2）中性气体　尽管它对钢铁材料基本上是惰性的，但是与 Ti 发生反应，所以称为中性气体。另外，富含 Cr 的不锈钢在氮气气氛中高温退火时，会形成氮化物。

（3）氧化性气体　脱碳性气体对钢铁材料来说是一种“麻烦”的气体，当加热到 A_1 以上时，容易发生脱碳反应（见下页公式 1），并在表层形成氧化铁（Fe_2O_3、Fe_3O_4）（见下页公式 2）。在渗碳气氛中，CO_2 和 H_2O 是特别有害的气体。

（4）还原性气体 = 渗碳气体　还原性气体是光亮热处理中不可缺少的气体。CO 气体除了还原氧化物，也是一种渗碳气体，这意味着如果不控制钢铁材料的碳含量和气氛中的碳含量，就会发生脱碳或渗碳现象。

（5）渗氮气体　NH_3（氨）气体是用于气体渗氮和气体氮碳共渗的重要气体。它有剧毒，有强烈的刺激性气味。而进行离子渗氮时，N_2 气体是渗氮气体。

- **热处理中使用的气氛气体主要有五种类型。**
- **惰性气体不形成化合物。**
- **氧化性气体对钢铁材料来说是一个问题。**

[1] 热处理中使用的气氛气体的类型

性质	种类
惰性气体	氩气(Ar)、氦气(He)
中性气体	氮气(N_2)、干燥氢气(dryH_2)、氨气(NH_3)的分解气体
氧化性气体	氧气(O_2)、空气、水蒸气(H_2O)、二氧化碳(CO_2)
还原性气体	氢气(H_2)、一氧化碳(CO)、碳化氢类气体(CH_4、C_3H_8、C_4H_{10}等)
脱碳气体	氧化性气体
渗碳气体	一氧化碳(CO)、碳化氢类气体(CH_4、C_3H_8、C_4H_{10}等)、液化气、甲醇(CH_3OH)、乙醇(C_2H_5OH)等
渗氮气体	氨气(NH_3)

[2] 关于氧化性气体的公式

脱碳反应(公式1):

$$2[Fe\text{–}C]_\gamma + O_2 \Rightarrow 2[Fe]_\gamma + 2CO$$

(碳固溶于铁中)　　(碳从铁中分离)

$$[Fe\text{–}C]_\gamma + CO_2 \Rightarrow [Fe]_\gamma + 2CO$$

在表层形成氧化铁(公式2):

$$4Fe + 3O_2 \Rightarrow 2Fe_2O_3$$

$$3Fe + 2O_2 \Rightarrow Fe_3O_4$$

[3] 还原性气体的爆炸界限和燃点

物质	化学式	爆炸界限(%)		燃点/℃
		下限	上限	
氢气	H_2	4.1	74.2	574
一氧化碳	CO	12.5	74.2	609
氨气	NH_3	5.7	27	—
甲烷	CH_4	5	15	632
丙烷	C_3H_8	2.37	95	481
丁烷	C_4H_{10}	1.86	84.1	441

用于热处理的气体大多具有危险性，操作时请注意安全。

22 气氛发生装置

放热式气氛和吸热式气氛。

气氛可分为两大类：放热式和吸热式。

放热式和吸热式

气氛的种类有可以单独使用的，通过与碳氢化合物气体和空气的混合物反应得到的，由甲醇分解或由 NH_3 气体分解得到的等。这里将它们分为，空气与碳氢化合物气体反应的放热式气氛和吸热式气氛，以及甲醇直接滴入炉内产生分解气体。

（1）放热式气氛　这种气氛是由碳氢化合物气体（如丙烷）与大量空气反应并完全燃烧产生的（见下页反应方程式 1）。因为反应是通过自我放热反应进行的，它称为放热式气氛。根据加入的空气量，产生的气体分为 DX 气体（贫气）和 DX 气体（富气），其中的 CO_2 和 H_2O 被除去的气体称为 NX 气体（贫气），进一步，通过 NX 气体（贫气）与水蒸气反应除去 CO 的气体称为 HNX 气体，其主成分见下页 [3]。这些气体应用于需要使用大量气体的处理轧制线圈的光亮退火炉等。

（2）吸热式气氛　这种气氛是碳氢化合物气体（如丙烷）和空气混合后，加热到 1050℃并通过接触 Ni 催化剂产生的（见下页反应方程式 2）。其主要成分是 CO、H_2 和 N_2。称为吸热式气氛，是因为它自身不产生热量，需要外部提供热量。这种气氛如今应用广泛。该气氛的发生装置称为吸热式气氛发生装置，见下页 [2]。

（3）滴注式分解气氛　通过将甲醇直接滴入一个高温加热室，获得分解气体（见下页反应方程式 3）。其主要成分是 CO 和 H_2。通过这种方法进行的渗碳称为滴注式气体渗碳。

（4）AX 气氛　由 NH_3 完全分解得到 H_2、N_2 气体（见下页反应方程式 4）。该气氛应用于不锈钢的光亮退火。

- **放热式气氛。**
- **吸热式气氛。**
- **滴注式分解气氛和 AX 气氛。**

[1] 产生气氛的反应方程式

放热式气氛（反应方程式1）：

$C_3H_8 + 5(O_2 + 3.76N_2) \rightarrow 3CO_2 + 18.8N_2 + 4H_2O$

丙烷 1　　空气　　生成气氛

吸热式气氛（反应方程式2）：

$C_3H_8 + 3/2(O_2 + 3.76N_2) \rightarrow 3CO + 4H_2 + 5.64N_2$

丙烷：空气＝1：7.14　　24.0%　33.0%　43.0%

滴注式分解气氛（反应方程式3）：

$CH_3OH \rightarrow CO + 2H_2$

甲醇　　33.3%　66.7%

NH_3分解气氛（反应方程式4）：

$2NH_3 \rightarrow N_2 + 3H_2$

25%　75%

[2] 吸热式气氛发生装置工作流程

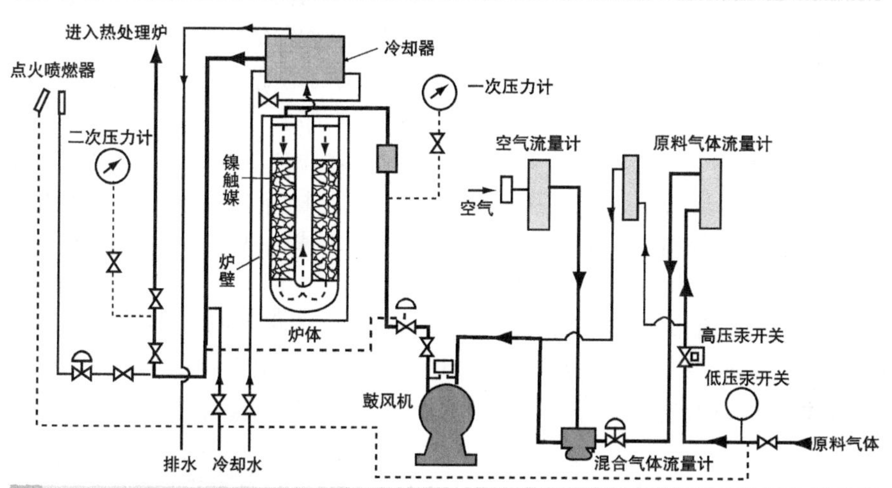

[3] 生成气氛的组分

气氛		气氛组分（体积分数，%）					露点/℃
种类	商标	CO_2	CO	H_2	CH_4	N_2	
发热式气氛（100级）	DX气体（贫气）	12.5	1.5	0.8	—	残余	5
	DX气体（富气）	6.5	12	10	0.5	残余	5
氮气气氛（200级）	NX气体（贫气）	0.05	1.8	1	—	残余	−40
发热式吸引型气氛（500级）	HNX气体	0.05	0.05	10~3	—	残余	−40
吸热式气氛	RX气体	0.3	24	33.4	0.4	残余	0
氨气气氛	AX气体	—	—	75	—	残余	−40

23 什么是退火？

对钢铁材料的问题逐一改进。

退火有多种效果，根据不同的目的分为多个种类。

为了调整金属材料的组织

铁、钢和铸铁（以下简称钢铁材料）最初是作为铁矿石从矿山开采出来的，之后在高炉中冶炼为生铁。通过一系列的过程，形成了各种“铁的个性”。钢铁材料在被加工成各种形状的同时，还经铸造、锻造、轧制、拉制和切削等加工成最终使用的零部件。在这个过程中，钢铁材料会受到一些应力、晶粒变大、组成元素的偏析、硬度不均和其他“问题”的影响。

退火是钢铁材料的基本热处理之一。退火的目的是对上述的“问题”进行补救。

①扩散并均匀分布铸件和钢锭中的组成元素和杂质的偏析（扩散退火，见下页 [2]）；②均匀晶粒的大小，调整组织，软化材料（完全退火）；③改善机械加工性能（等温退火）；④改善塑性加工性（球化退火）；⑤消除焊接或塑性加工引起的残余应力（去应力退火）。

如上所述，退火的方式有很多，方式的选择取决于钢铁材料存在的问题和退火产生的效果。加热温度取决于目的。退火的特别之处在于冷却。加热后，退火过程是通过“炉内冷却”进行冷却的，这意味着这是一个缓慢的冷却过程。

下页 [1] 在 Fe-C 相图中显示了退火过程中每个加热温度的范围。

- **退火可以改善钢铁材料的“问题”。**
- **退火过程有很多效果，包括改善晶粒大小的均匀性。**
- **有许多针对不同问题的退火方式。**

[1] Fe-C相图中的加热温度范围

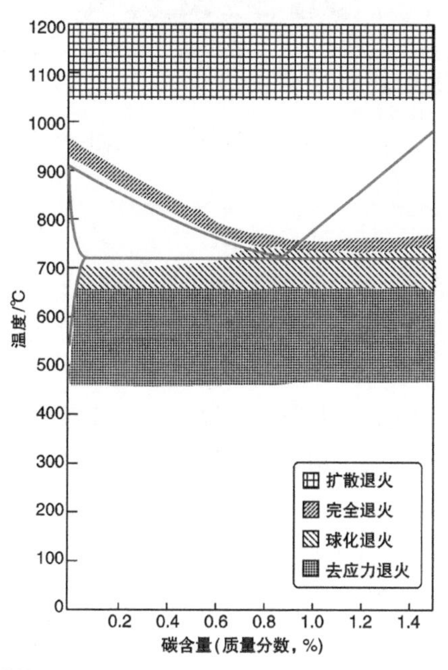

根据热处理类型确定的加热温度

方法	加热温度/℃
扩散退火	1000~1300
完全退火	A_3或A_1+30~50
球化退火	A_1附近
等温退火	A_3或A_1+30~50
去应力退火	A_1以下的450~650

[2] 扩散退火的过程图

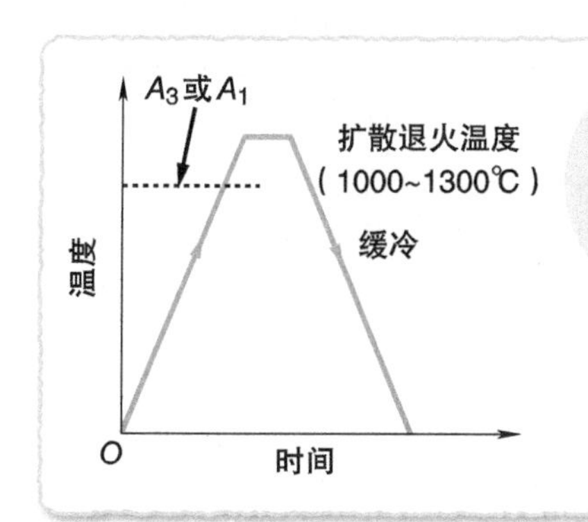

退火是在哪个工序进行的？（示例）

1) 毛坯 → 热锻 → 完全退火 → 机械加工

2) 毛坯 → 机械加工 → 去应力退火 → 气体渗碳淬火和回火 → 完成

24 退火①—— 完全退火

目的是晶粒的均匀性和组织的标准化。

退火一般指完全退火。

如果晶粒是不均匀的……

完全退火的必要性和目的是什么？在本节中，将解释其目的：晶粒均匀化、组织标准化和软化。

（1）晶粒均匀化　钢铁材料经过各种加工，生产出最终产品，用于各种环境和各种用途。其中，进行淬火、回火和表面硬化处理，可提高耐磨性、疲劳强度和抗冲击性。JIS 规定了晶粒的尺寸，见下页 [1] 的例子。晶粒度为 1 级的晶粒尺寸较大，如果用这种晶粒尺寸的钢件进行淬火，它将具有良好的淬透性，但强度较低，并且容易从晶界处破裂。相反，细小的晶粒，如晶粒度为 10 级的晶粒，具有较差的淬透性，但强度高。重要的是，通过完全退火使晶粒度达到 6~8 级之间（混合晶粒）。

（2）组织的标准化　经历了各种工艺的钢铁材料的晶体是无序的，如组织的偏析、珠光体和铁素体的不均匀分布导致可加工性的下降，并且在淬火时，导致硬度分布不均匀和强度下降。解决这个问题的办法是进行完全退火，见下页 [2] 的工艺图。对于亚共析钢，钢被加热到 A_3 线以上 30~50℃，对于共析和过共析钢，加热到 A_1 线以上 30~50℃，然后在炉中缓慢冷却。通常情况下，钢件被冷却到接近室温，但当它达到 550℃左右（火红色色调消失的温度）时，就可以从炉中取出来，在空气中冷却。

（3）软化　软化是退火的主要目的之一。

- **如果晶粒不均匀，就会影响淬透性。**
- **完全退火至 6~8 级晶粒度。**
- **组织标准化可以改善可加工性，提高强度。**

[1] 晶粒尺寸的示例（JIS）

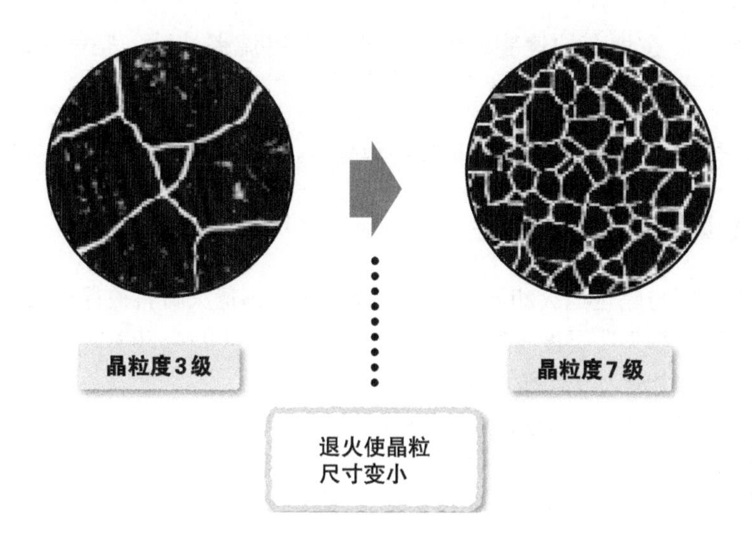

[2] 完全退火的工艺图

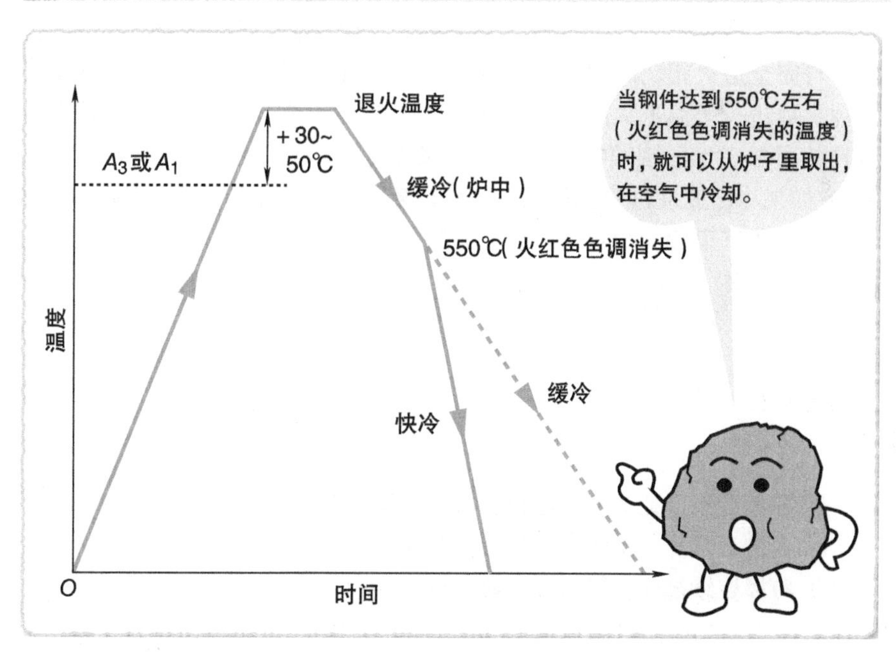

退火②——等温退火

在相变快速完成的温度范围内等温保持后，空气冷却。

与完全退火一样，等温退火的目的是软化、消除应力和改善可加工性。

减少处理时间的好处

退火温度与完全退火相同，但在奥氏体化后，退火材料被保持在略高于等温转变图“鼻尖”温度（约550℃）的温度，即600～650℃，相对快速地完成相变，这个退火方式称为等温退火，见下页[1]。

具体来说，将已经加热至奥氏体化的合金钢、工具钢、热锻件和自硬性高的合金钢，通过热空气等方式快速冷却到650℃左右并保持在这个温度。首先铁素体从奥氏体中析出，之后随着时间的推移析出珠光体。析出的珠光体相对较细，这就提高了后续工序的可加工性。与完全退火相比，这个工艺的优点是可以大大减少退火时间，并且可以连续操作，进行大规模生产。

例如，下页[3]所示为叠加在SCM435的等温转变图上的等温退火的冷却和保温图。理论上，对这一等级的钢来说，等温退火可以在10～15min内完成，与完全退火相比时间明显减少了。下页[2]所示为在700℃和600℃下对各种材料进行等温退火的示例。这是在连续炉中进行的，以改善热锻合金钢齿轮的可加工性，困难在于如何将热风冷却室的温度均匀地保持在600～650℃。如果冷却速度过快，贝氏体就会在金属组织中析出，使其变硬，可加工性变差，所以正确使用根据合金元素量的等温转变图和连续冷却转变图是稳定处理的关键。

- **在相变快速完成的温度范围内等温保持后，空气冷却。**
- **目的是软化、消除应力和改善可加工性。**
- **可以连续操作，进行大规模生产。**

[1] 等温退火的工艺图

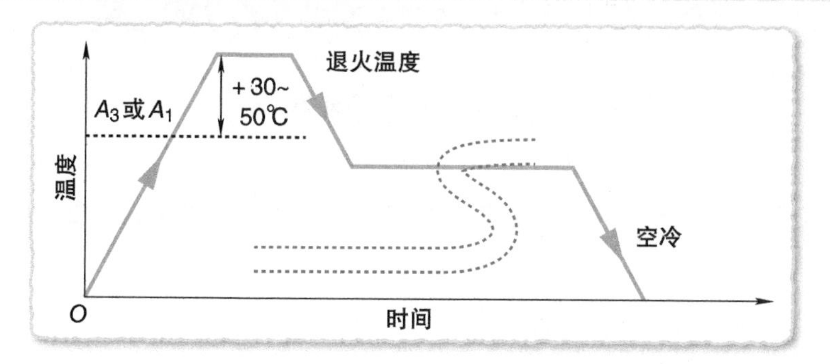

[2] 等温退火的示例

等温温度/℃	钢种	保温时间/s		
		开始析出铁素体	开始析出珠光体	相变完成
700	S40C	5	10	2h以上
	SCM435	40	600	2h以上
	SNCM240	30	6000	20h以上
600	S40C	—	4	10
	SCM435	8	200	1000
	SNCM240	10	600	4000

[3] 叠加在SCM435的等温转变图上的等温退火的冷却和保温图

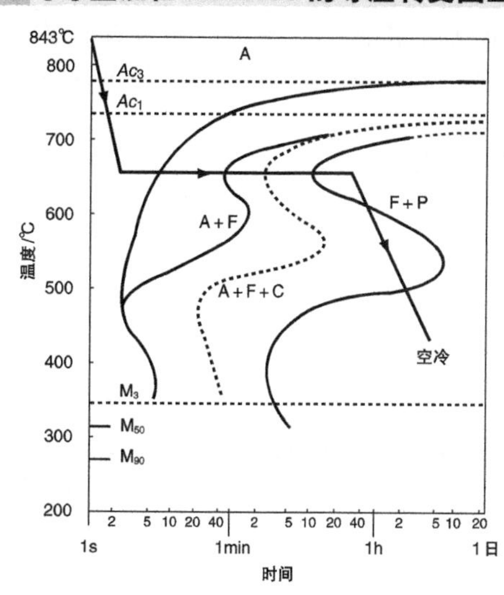

理论上，对这一等级的钢来说，等温退火可以在10~15min内完成，与完全退火相比时间明显减少了。

退火③——球化退火

在层状珠光体中析出球状渗碳体。

有几种类型的球化退火，根据处理工件的材质、使用目的和热处理设备来选择。

球化退火件便于冷锻

低碳含量的亚共析钢的标准组织是铁素体和层状珠光体。有一种冷锻工艺技术，采用这种钢在模具中成形，并应用于许多机器零件。

然而，层状珠光体中的条纹状渗碳体，是铁和碳的化合物，非常坚硬。在室温下用模具对这种钢材进行冷锻，会导致钢材内部沿着渗碳体边缘出现裂纹，并损坏模具。为了抑制这种情况，把带有条纹状渗碳体的钢材在 A_1 相变点上下反复加热和冷却。条纹状渗碳体被分解成小块，并且在之后的缓冷过程中析出成球状，从而形成球状碳化物分散在软铁素体上的组织。这种组织便于冷锻成形。

高碳含量的过共析钢，在层状珠光体之外还包括层状珠光体的晶界上析出的网状渗碳体。这类钢大多数用于工具、模具和轴承，并大多经过淬火以获得高硬度。然而，如果网状渗碳体残留在马氏体中，可能导致钢件在使用过程中开裂。因此，需要把条纹状和网状的渗碳体以球状分散在铁素体中。在淬火加热时，一些球状渗碳体被溶解到奥氏体中，在随后的快速冷却中，坚硬的球状渗碳体被分散到马氏体中。另外，为了保持其硬度，通常在低温下进行回火。

- **球化退火是一种使珠光体中的条纹状渗碳体和晶界上的网状渗碳体球化的技术。**

[1] 球化退火的工艺种类

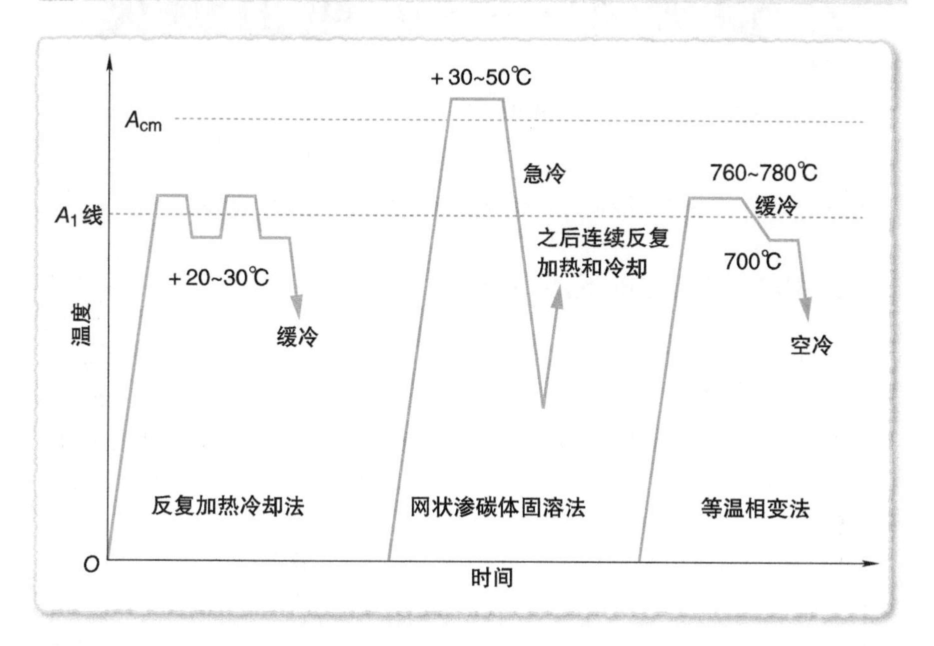

[2] 球化退火引起的金属组织变化

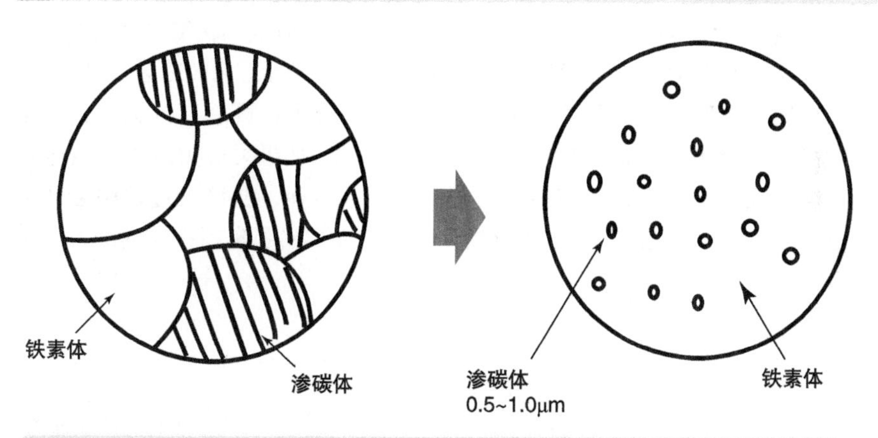

球化退火是在哪个工序进行的?(示例:SCM420)

毛坯 ➡ 球化退火 ➡ 冷锻 ➡ 完全退火
➡ 机械加工 ➡ 渗碳淬火和回火 ➡ 研磨

27 退火④——去应力退火

消除应力以防止变形等。

消除由铸造、锻造、冷加工、机械加工和焊接引起的内应力。

在450～700℃的低温下进行

钢铁件经历了从精炼和连铸到轧制、锻造、拉拔、焊接和机械加工的一系列过程，每个工序都会积累内应力。如果产品在这个状态下使用，在使用过程中会出现变形，并可能出现意想不到的问题。此外，在热处理过程中，如淬火和表面硬化，热应力会导致工件的变形和扭曲。去应力退火是一个消除此类应力的处理，以防止以上问题发生。

钢铁材料在450℃左右会发生再结晶，这时先前的原子排列会打乱并重新排列。这个大约450℃的温度称为再结晶温度，在其他金属材料中也有各自的再结晶温度。一旦发生再结晶，原来存在的应力就不再存在了。因此，去应力退火过程在450～700℃这个A_1（727℃）以下的温度范围内进行。在实践中，钢件的加热温度为600～650℃，铸铁件为500～600℃，经过2～6h的保温后，炉冷至100～200℃。下页[1]所示为去应力退火的工艺。下页[3]所示为金属件在经过应力积累，造成加工硬化，强度提高后，被加热到再结晶温度以上进行去应力退火后的应力和强度变化。如果去应力退火后再进行淬火、渗碳或感应淬火，则可改善热处理应变。然而，在淬火过程中会产生相变应力，所以不可能将应变降低到零。下页[2]列出了包括铁在内的各种金属的再结晶温度。

- **消除内部应力以防止变形。**
- **在450～700℃这个A_1（727℃）以下的温度范围内进行。**
- **退火后，进行淬火、渗碳和感应淬火。**

[1] 去应力退火的工艺图

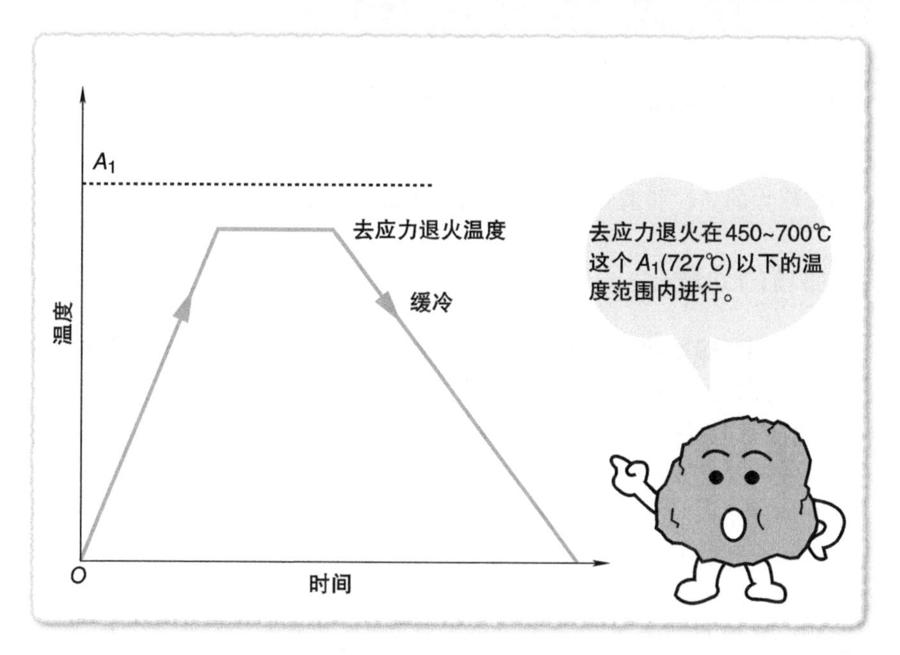

[2] 各种金属的再结晶温度

元素	再结晶温度/℃
Fe	450
Ag	200
Al	150
W	1200
Mo	900
Pb	常温以下

[3] 金属件在加工后进行去应力退火处理的示例

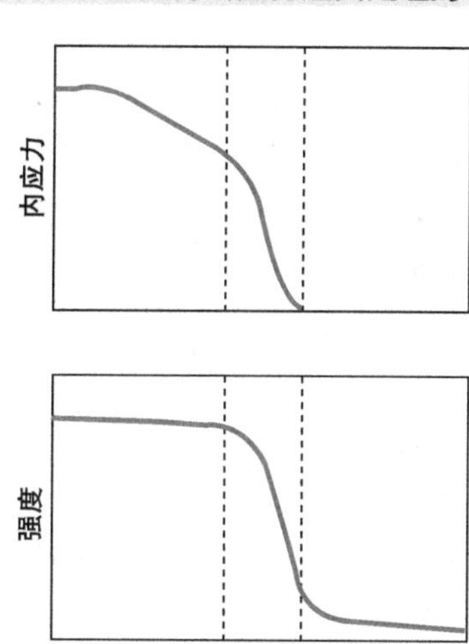

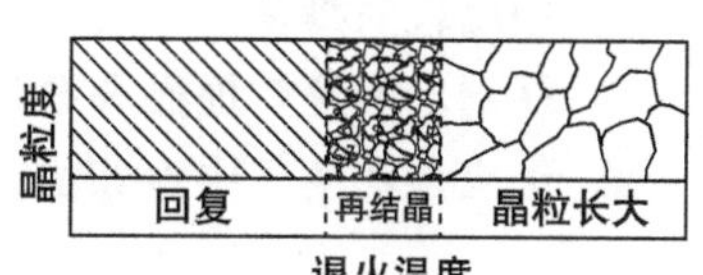

正火及其目的

改善组织不均匀、晶粒粗大的状况。

细化粗大的晶粒和消除加工的影响，从而改善力学性能。

晶粒的均质化

经过轧制、锻造或铸造的钢，在这些过程的高温下会导致晶粒粗化和组织不均匀。此外，还会残存加工硬化和应力。例如，钢板的轧制是在1050～860℃的温度下进行的，当涉及热锻时，起始温度为1200～1250℃，最终温度为800～900℃。正火使钢在这些工序后恢复到标准状态。

在高温下晶粒变粗的钢要进行晶粒细化处理，因为如果按原状态使用，其强度可能会受到影响。亚共析钢的加热温度应在A_3线以上的40～60℃，共析钢和过共析钢的加热温度应在A_{cm}线以上40～60℃，加热至奥氏体化。

正火的关键是冷却。正火是在空气中冷却的，退火是在炉中冷却的。被加热到奥氏体的钢，因为高于再结晶温度（450℃），粗化的晶粒通过再结晶变成新的晶粒，并随着加热温度和时间的增加而成长变大。同时，释放出应力。在加热和空冷后，因为冷却速度比炉冷的情况下更快，所以奥氏体向珠光体转变的速度也更快，因此铁素体和渗碳体的间距更密。这导致得到了比退火更高的硬度和更高的抗拉强度。正火的主要目的是通过奥氏体化后空气冷却来减小晶粒尺寸。

- **粗晶粒的细化。**
- **轧制、锻造等原因导致晶体排列变化。**
- **正火是在空气中冷却的。**

[1] 冷加工过程中的晶粒尺寸变化（模型）

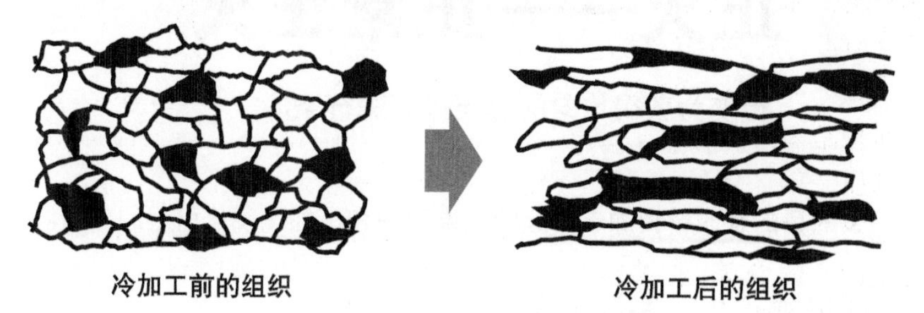

冷加工后

① 晶粒在加工方向上被拉伸，晶格扭曲，造成加工硬化。
② 纵向和横向的力学性能不同。

[2] 加工后的材料在再结晶温度下的力学性能变化

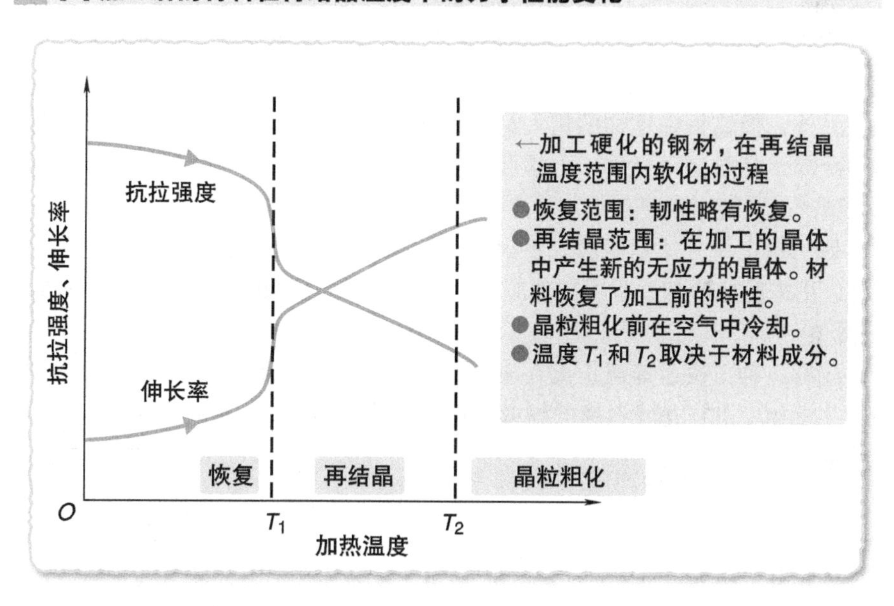

正火是在哪个工序进行的？（示例）

毛坯 ➜ 热锻 ➜ 正火 ➜ 机械加工

29 正火——正常正火

相变为获得均匀的奥氏体后进行空冷。

正火的目的是改善由加工引起的纤维组织和由加工硬化引起的应力。

两段式正火、等温正火

正火是将钢件加热并保持在一个合适的温度下（亚共析钢在 A_3 以上 40 ~ 60℃，过共析钢在 A_{cm} 以上 40 ~ 60℃），使其具有均匀的奥氏体组织，然后进行空冷（在空气中冷却）的热处理。

在退火的情况下，钢在炉中保持适当的温度，然后慢慢冷却，其组织是粗珠光体。

然而，在正火的情况下，奥氏体相变为初析铁素体或渗碳体和细珠光体。

正火的目的是改善由加工引起的纤维组织和由加工硬化引起的应力。

另外，像铸钢中这样的粗大组织，通过正火，在相变点温度上下反复加热和冷却，晶粒变得微细，力学性能，如延展性和韧性得到改善。特别是对于大型产品，可以重复正火。

另一种正火方法是两段式正火。这种方法用于形状复杂或壁厚差异大的零件，用来防止冷却过程中出现应变。首先，空冷至 550℃，然后在炉内慢慢冷却。

还有一种方法是等温正火。即把材料加热到高于 A_3 的适当温度，快速冷却到共析相变进行得最迅速的温度附近后，在该温度等温并保持到相变完成，然后空冷。

- **相变为均匀的奥氏体后进行空冷。**
- **改善由加工引起的纤维组织，提高力学性能。**
- **两段式正火、等温正火。**

[1] 正火温度

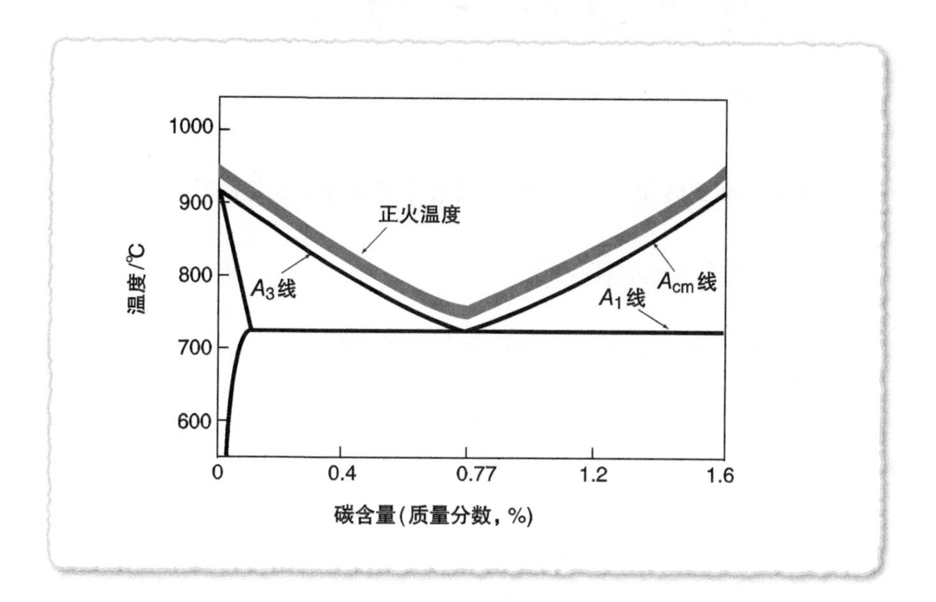

[2] 正火操作（亚共析钢）

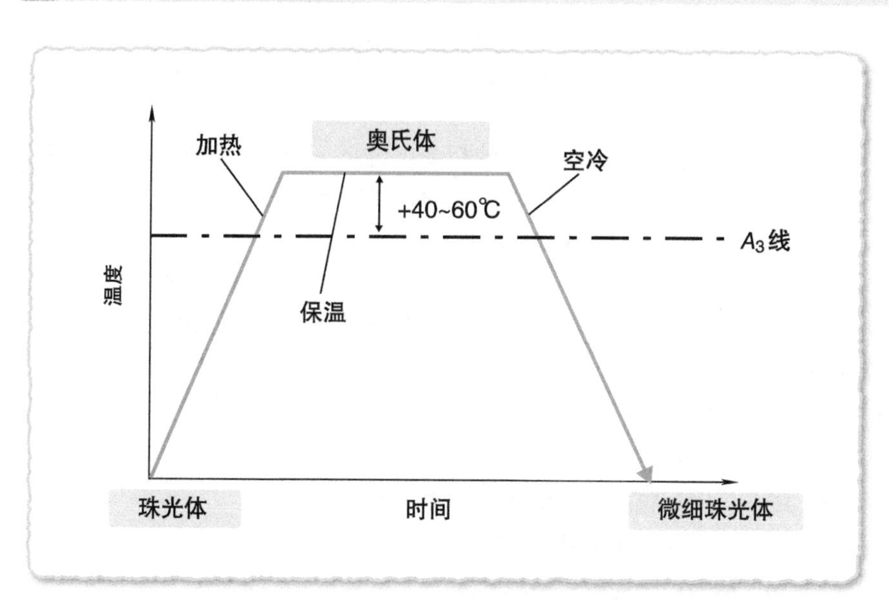

淬火及其目的

快速冷却改变组织。

钢被加热到奥氏体状态后，通过急冷相变为硬质马氏体的热处理。

由收缩到膨胀的相变

淬火是一种热处理，在这种热处理中，钢被加热到奥氏体状态，然后迅速冷却到马氏体状态。其目的是：①提高硬度；②增加强度（如抗拉强度）；③增加耐磨性；④提高疲劳强度等。为了通过淬火实现硬化，必须满足以下条件：①碳的质量分数必须为 0.3% 以上，碳含量与淬火硬度之间的关系见下页 [1]；②材料必须被加热到奥氏体状态（奥氏体化）；③采用水或油进行急冷，某些材料可采用空冷。

亚共析钢被加热到 A_3 线上 30 ~ 50℃的温度，达到奥氏体单相，碳固溶在其中，过共析钢和共析钢被加热到 A_1 线以上 30 ~ 50℃，形成奥氏体和球状碳化物，然后快速冷却。当快速冷却时，没有像退火和正火那样的 C-Fe 结合（扩散相变），碳被截留在 α-Fe 中，处于过饱和状态（α-Fe 的固溶度只有 0.02%），形成体心立方结构的马氏体组织。这是一种硬质且非常脆的组织。这样的操作称为淬火。

淬火是一种从收缩到突然膨胀的相变。这是一个非扩散性的相变，其中碳没有时间与铁结合。因此，由碳引起的晶格畸变和相变应力使材料变硬变脆。等温转变图和冷却速度之间的关系见下页 [3]。

淬火的要点是，在 550℃左右较快地冷却材料（临界冷却速度），在马氏体起始温度（*Ms*）以下较慢地冷却，以降低相变应力，抑制快速膨胀，防止淬火裂纹。

- **硬化以增加强度、耐磨性和抗疲劳性。**
- **淬火硬化有 3 个条件。**
- **马氏体的状态是硬质和非常脆。**

[1] 碳含量与淬火硬度的关系

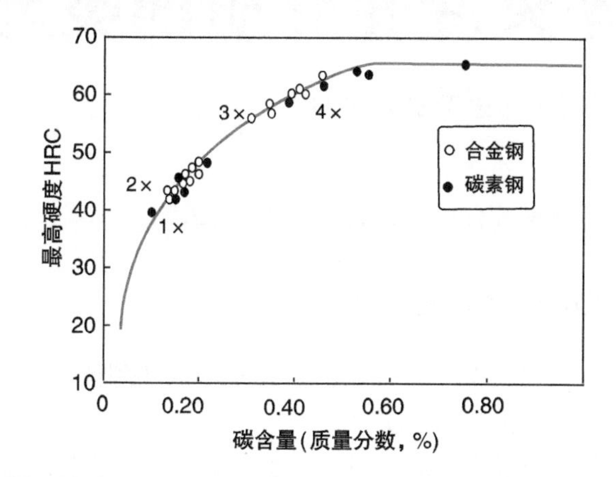

[2] Fe-C 相图中的加热温度范围

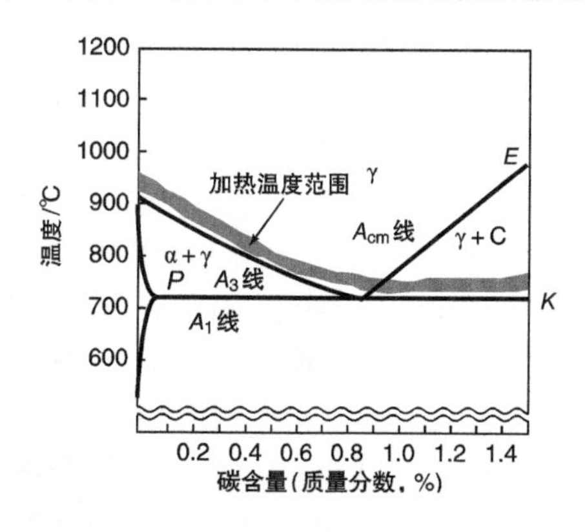

热处理的种类和加热温度

种类	加热温度/℃
淬火	亚共析钢被加热到A_3线上30~50℃的温度，过析晶钢和共析钢被加热到A_1线以上30~50℃

[3] 淬火时冷却的关键点

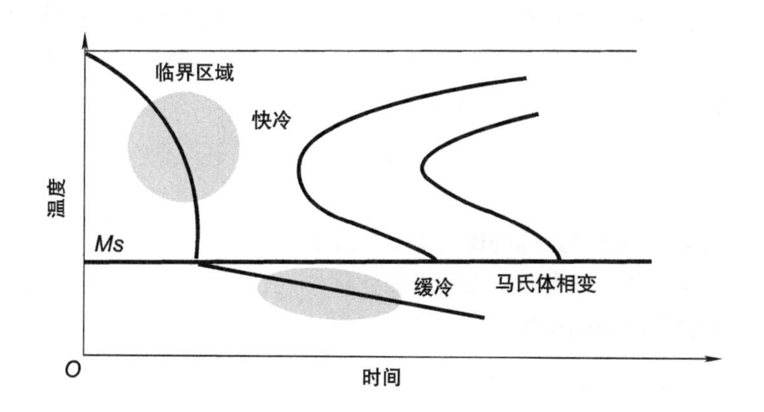

31 淬火冷却介质的类型

提高冷却速度是必要的。

选择正确的淬火冷却介质是实现完全淬火的关键。

搅动淬火冷却介质是重点

根据待淬火工件的材料，选择在临界区（550℃左右）快速冷却，在马氏体相变区缓慢冷却的淬火冷却介质。

目前，淬火冷却介质有几种类型：①水；②油；③水溶性溶液；④盐浴；⑤气体。下页 [1] 列出了不同淬火冷却介质的冷却性能比较。在使用淬火冷却介质时，有两个要点：搅拌和温度控制。可以看出，如果没有搅拌，即使是冷却性能高的水也会有很低的冷却性能。下页 [2] 所示为油冷过程中工件表面发生的现象。当被加热的工件进入油中时，在表面形成一层油的蒸汽膜，将工件表面包裹起来，此时冷却速度很慢。接下来，蒸汽膜被打破，与工件表面接触的油进入沸腾阶段，冷却速度相对变快。在与 *Ms* 点相对应的温度下，进入缓慢的对流冷却阶段，同时开始马氏体相变。如果不对淬火冷却介质进行搅拌，从沸腾阶段到蒸汽膜阶段的转换会变慢，从而导致淬火不完全。另外，淬火冷却介质需要控制温度。一般来说，水和水溶性溶剂在 10 ~ 30℃（20℃ ±10℃）的温度下使用，油在 40 ~ 80℃（60℃ ±20℃）的温度下使用，根据使用温度划分的半热型油和热型油可供选择。水具有很高的冷却能力，可以使工件在短时间内从奥氏体状态进入 *Ms* 温度范围，开始伴随着剧烈膨胀的相变。韧性钢 SNCM 和合金工具钢 SKD、SKH 可以通过空气冷却进行淬火。

近年来，作为解决臭氧消耗问题的对策，已经开始使用高压气体冷却方法，这种方法在淬火后无须脱脂和清洗。

- **根据材料选择正确的淬火冷却介质很重要。**
- **水是一种非常有效的淬火冷却介质。**
- **搅拌是冷却的关键。**

[1] 各种淬火冷却介质的冷却性能比较

○搅拌的程度	空气	油	水	氯化钠溶液	盐浴(204℃)○
静止	0.008	0.098~0.118	0.354~0.394	0.79	0.197~0.315
轻微搅拌	—	0.118~0.138	0.394~0.433	0.79~0.87	—
缓慢搅拌	—	0.138~0.157	0.472~0.512	—	—
中等程度搅拌	—	0.157~0.197	0.551~0.591	—	—
强搅拌	0.020	0.197~0.315	0.630~0.787	—	—
强烈搅拌	—	0.315~0.433	1.58	1.97	—
端淬试验	—	—	2.17	—	—

※不同淬火冷却介质和冷却方法的淬冷烈度 $H(\mathrm{cm}^{-1})$

[2] 油冷过程中工件表面发生的现象

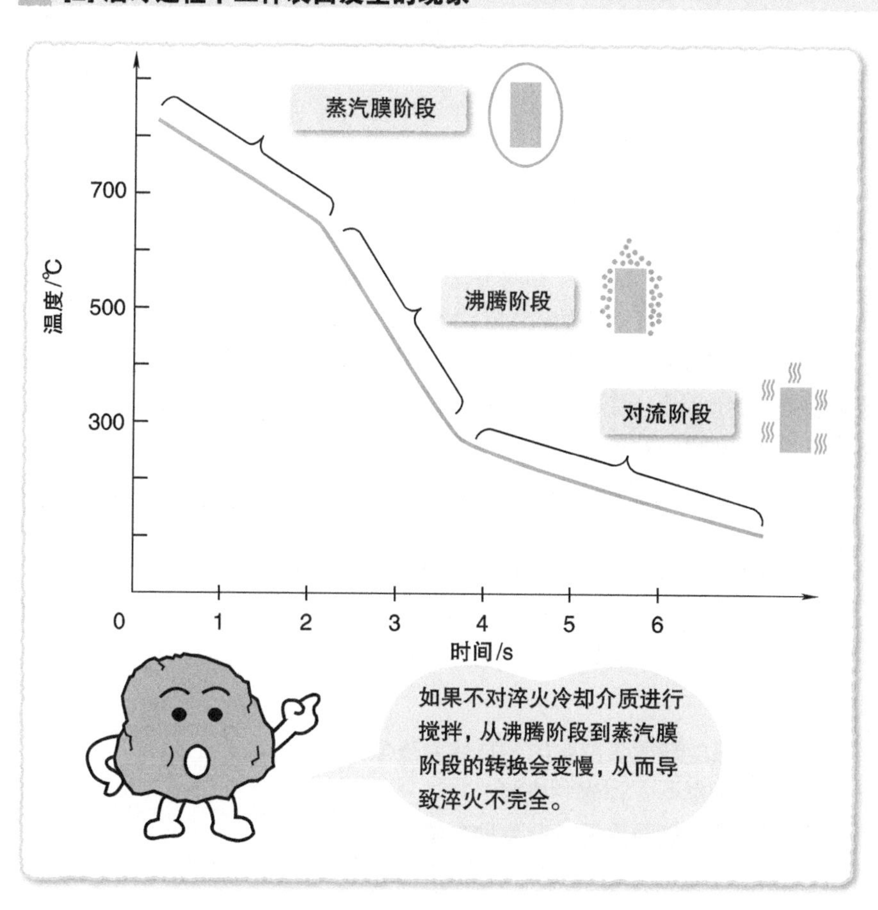

32 什么是淬透性？

硬化深度是多少？

为什么有这么多不同类型的钢？其中一些是为了改善淬透性开发出来的。

合金元素能有效提高淬透性

当对小、中、大直径的 S45C 进行水淬，并测定横截面的硬度分布时（见下页 [1]），小直径的中心硬度几乎与表面一样。然而，在中、大直径的情况下，表面和中心之间有很大的差异。这意味着中心没有被完全硬化。这种取决于质量的硬化深度（淬火深度）的差异称为质量效应。如果淬火深度延伸到中心，则被描述为质量效应小（淬透性好）；反之，则被描述为质量效应大（淬透性差）。为了提高淬透性，通过在钢中加入各种合金元素，开发了各种合金钢和韧性钢。

事先了解将要使用的韧性钢（低合金钢）的淬透性是很重要的。以下是两种典型的方法。

（1）通过材料化学成分计算的方法　基本临界直径（D_0）是指碳钢中相变至 50% 马氏体的深度。当加入 Mn、Mo、Cr、Si、Ni，以及极少量就有效的 B（硼）等合金元素时，根据它们各自的添加量，可以用淬火倍数 f 表示它们对提高淬透性的作用。通过应用 D_0 和 f，可以通过下页公式 1 计算 50% 马氏体的深度的理想临界直径（D_1），见下页 [2]。

（2）端淬试验　加热试样后，将其置于试验机中，并通过在下端面喷冷却水来进行淬火。之后通过从端面测量试样的表面硬度，可以确定理想临界深度。从侧面测量硬度得到的这条曲线称为淬透性曲线（H 波段，见下页 [3]），在材料上标有后缀 H（如 SCM435H），表明这个材料通过添加合金元素提高了淬透性，制造大型零部件时也可以安心使用。

- **硬化深度随质量变化的现象称为质量效应。**
- **质量效应小 = 淬透性良好。**
- **测定韧性钢的淬透性有两种方法。**

[1] 什么是质量效应?

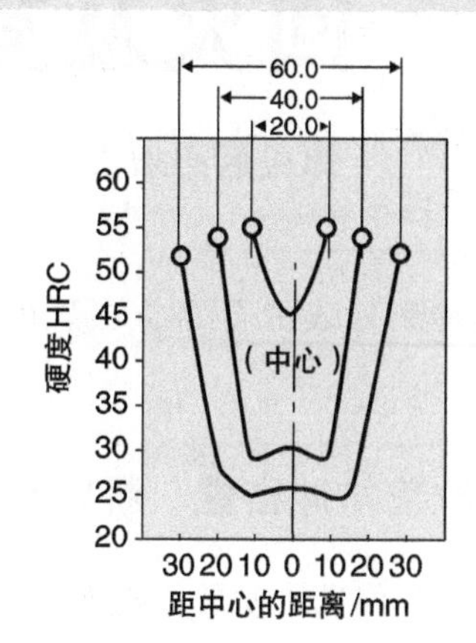

[2] 各种钢的理想临界直径

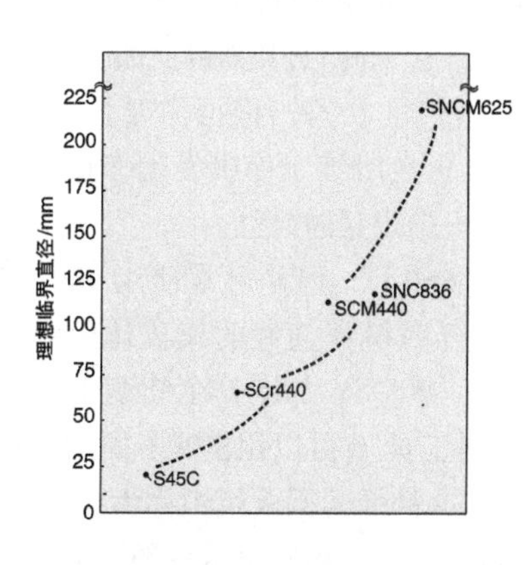

通过材料的化学成分求质量效应的方法参考下面的公式1。

[3] 淬透性曲线（H波段）

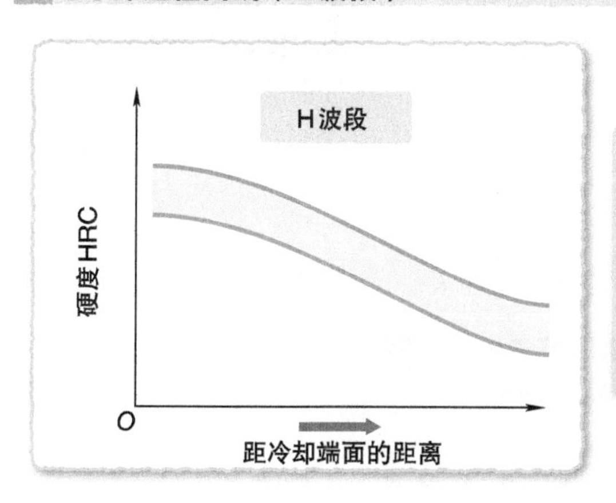

公式1:

$D_1 = D_0 f_{Si} f_{Mn} f_{Cr} f_{Ni} f_{Mo} \cdots$

式中 f——各合金成分的淬火倍数；

D_0——基本临界直径。

33 回火及其目的

淬火后必须进行的热处理。

这种热处理用于给经过淬火硬化的钢提供韧性，根据其应用情况降低硬度。

改善抗冲击性、断后伸长率和断面收缩率

淬火是将碳的质量分数超过 0.3% 的碳钢或合金钢加热到奥氏体，然后通过急冷转变到马氏体的过程。此时，由于存在过饱和的碳，α -Fe 具有很高的硬度，而且非常脆，因此不能直接使用。需要重新加热到 A_1 线（727℃）以下进行保温，然后冷却。这个操作称为回火，见下页 [1]。其目的如下：

①淬火后是高硬度、高脆性、低冲击值的状态，根据需要，降低硬度，提高韧性；②降低淬火引起的内应力，防止在后续工序中发生变形和延时变形；③将残留奥氏体转变为马氏体，以防止出现延时裂纹。

韧性钢的理论回火加热温度为 520 ~ 650℃，但是通常使用 400 ~ 700℃的回火温度。淬火后，在 500 ~ 650℃进行获得强韧性的索氏体的回火，这个过程称为调质。表面硬化处理（渗碳、感应淬火等）在低温下进行回火（150 ~ 200℃），以便减少硬度降低。切削工具（K、SKS 等）因为同样重视硬度，所以在 150 ~ 180℃的低温下回火。这种低温回火组织称为回火马氏体。下页 [2] 所示为不同回火温度下碳和碳化物的聚集和析出示意图。回火可以降低硬度，增加韧性，同时，强度（抗拉强度）也会下降。韧性的增加也意味着抗冲击性、断后伸长率和断面收缩率的增加。另外，根据回火温度的不同，碳钢和韧性钢会发生脆化现象。

- **回火改善了钢的韧性。**
- **回火有助于防止在后续工序中出现变形。**
- **低温下的回火组织 = 回火马氏体。**

[1] 回火时共析碳钢的膨胀和收缩

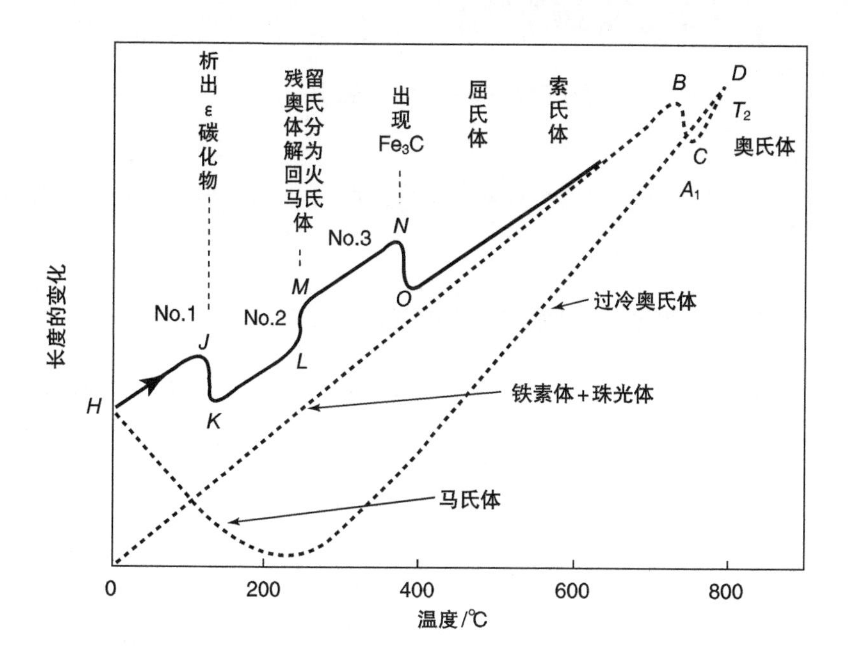

[2] 不同回火温度下碳和碳化物的聚集和析出示意图

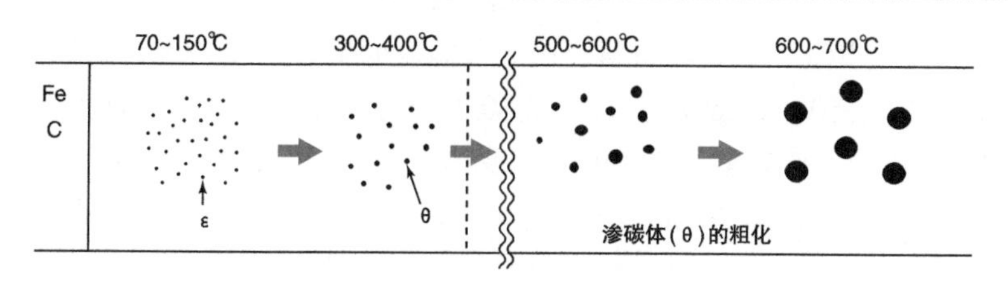

调质(淬火+高温回火)是在哪个工序进行的?(示例)

毛坯 ➡ 加工 ➡ 调质 ➡ 机械加工 ➡ 完成

回火脆性

回火时，存在使材料变脆的温度。

当钢保持在某个回火温度或从某个回火温度缓慢冷却时，会发生脆性断裂的现象。

高温回火脆性、低温回火脆性

回火温度是根据工件所需的硬度和韧性来选择的。下页所示为回火温度对硬度、抗拉强度和冲击韧度的影响，其中，图 a 为碳钢，图 b 为 SCM435，图 c 为 SNC836。

随着回火温度的升高，硬度和抗拉强度下降，冲击韧度增加，韧性增加。然而，在图 a 中，在 300℃和 350℃之间冲击韧度急剧下降，表明钢在这个温度区间回火会变得非常脆。这个现象称为低温回火脆性，不能通过改善热处理方法来防止。因此，应避免使用这个温度区间。在图 b 中，没有观察到这种现象。在图 c 中，冲击韧度在 480℃和 600℃之间下降，这个现象称为高温回火脆性。在此温度下回火后，可采用水冷（快速冷却）或强制风冷来防止这种情况的发生。

不含 Mo 的 SCr、SNC 等材料，回火后应避免缓慢冷却。另外，低合金钢不应该在 300 ~ 350℃的温度下回火，以防止在这个温度区间发生低温回火脆性现象。从图 b 中可以看出，含钼的合金钢不存在高温脆性；钼的质量分数在 0.2% ~ 0.25% 时起作用。根据使用情况须在 300 ~ 350℃回火时，SPCC 和低碳钢的渗碳和渗氮等表面硬化处理材料也会发生同样的问题，需要注意。

- **高温回火脆性是指，当钢保持在某一回火温度或从该温度缓慢冷却时，容易发生脆性断裂。**
- **回火脆性一般是指高温回火脆性。**

回火温度对硬度、抗拉强度和冲击韧度的影响

a) 碳钢

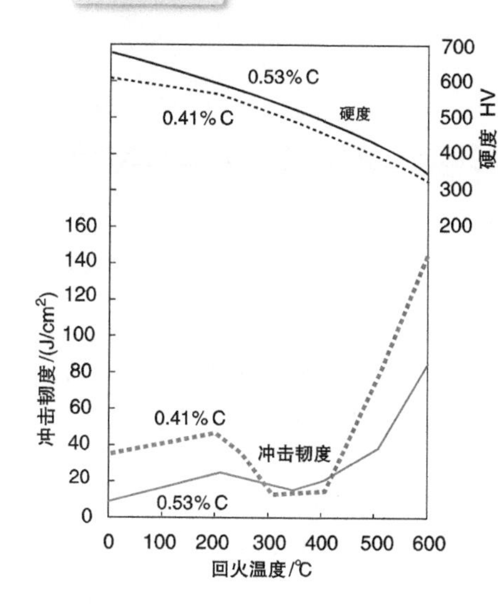

b) SCM435

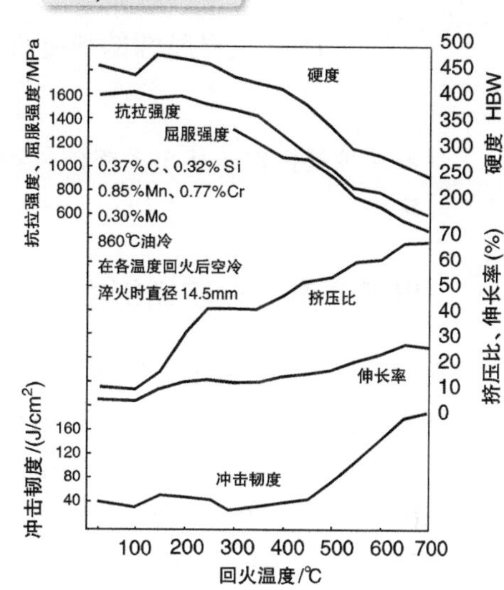

c) SNC836

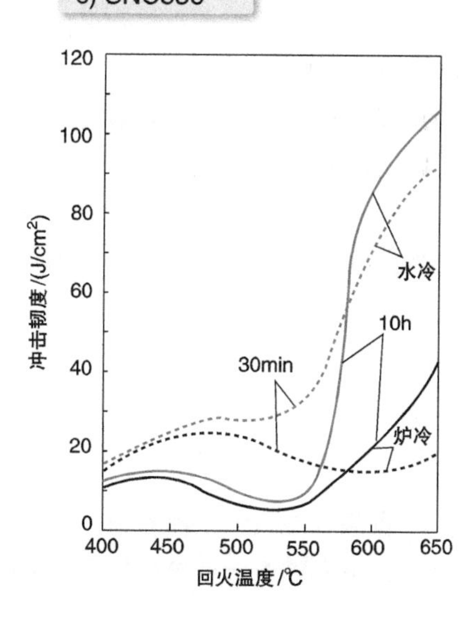

图c中看到的回火脆性，称为高温回火脆性，也可以直接称为回火脆性。

35 固溶处理

改善晶界腐蚀的热处理。

晶界腐蚀是指由于析出的铬碳化物的影响，晶界周围区域出现选择性腐蚀的现象。

出现在奥氏体不锈钢中

典型的奥氏体不锈钢牌号是18-8不锈钢。这种钢是奥氏体单相组织，具有良好的耐蚀性和耐热性，但除非进行固溶处理，否则容易发生晶界腐蚀。

碳的质量分数在低于0.08%（通常为0.06%～0.07%）时，在高温下完全溶于奥氏体，但在600℃左右时仅有约0.02%可溶于奥氏体。如果在该温度范围内缓慢冷却（例如，焊接或热加工时），碳将以碳化物的形式析出。碳的原子半径非常小，以至于它容易从奥氏体晶粒中析出，在晶界处与周围的铬反应，形成稳定的铬碳化物。因此，晶界附近的铬含量降低，不足以形成一个稳定层，导致晶界容易受到腐蚀，见下页[1]。

这就是所谓的晶界腐蚀。为了改善晶界腐蚀，将合金加热到1050℃或更高的温度，使碳化物完全溶解到奥氏体中，然后再进行急冷。这种热处理称为固溶处理，见下页[2]。

为了减少奥氏体晶界上析出的铬碳化物的量，一些合金钢含有钛或铌，因为它们比铬更容易与碳反应。然而，如果钢在600℃附近的温度下长时间暴露，仍有可能析出铬碳化物，在这种情况下需要进行固溶处理。这是一种类似于淬火的热处理，但奥氏体不会因为急冷而硬化，相反，它会因为急冷而软化。

- **固溶处理改善晶界腐蚀。**
- **晶界腐蚀是一种由晶界上的析出物引起的选择性腐蚀。**

[1] 奥氏体不锈钢中的碳化物析出示例

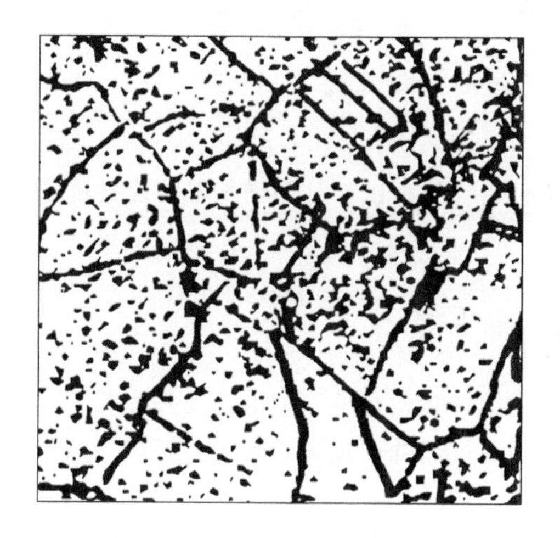

从500~800℃缓慢冷却，碳化物以细粒状态析出的例子(晶界腐蚀容易发生，耐蚀性变差)。

[2] 奥氏体不锈钢的固溶处理示例

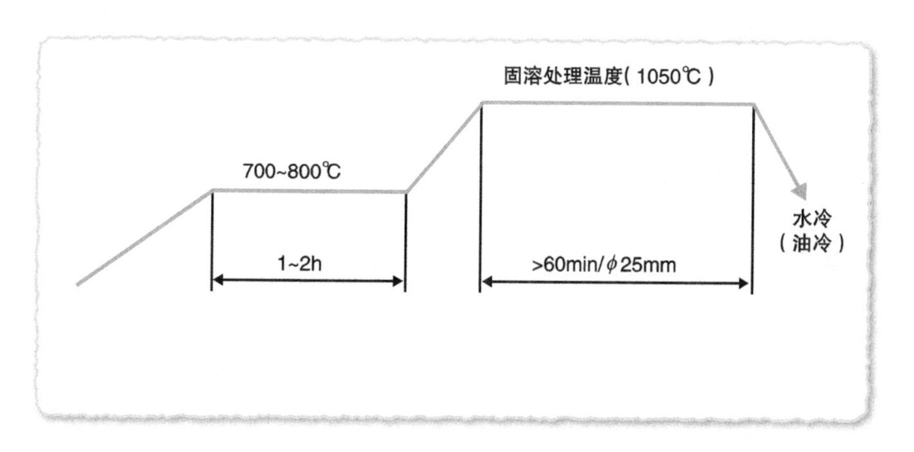

不锈钢在低温时的热传导差，厚重的工件在预热炉中预热(700~800℃)后，进行固溶处理。上图是一个例子。

36 时效处理

在加热状态下进行的是高温时效。

时效过程引起金属间化合物和碳化物的析出，从而增加其强度并稳定其组织。

稳定化处理也是其中的一种类型

虽然奥氏体不锈钢具有优良的耐蚀性和耐热性，但由于其强度低，不适合用于高强度构件。这是因为它不能通过热处理提高硬度，只有在冷加工时才会加工硬化。

另一方面，马氏体不锈钢可以通过淬火和回火来提高其强度，但在耐蚀性和耐热性方面则较差。

析出硬化不锈钢是通过在奥氏体不锈钢中添加合金元素，如 Cu 和 Al，在提供优良的耐蚀性和耐热性的同时大幅提高硬度。不锈钢的主要类型是 SUS630 和 SUS631。

SUS630 经过固溶处理进行马氏体相变后，在 470 ~ 630℃加热并保温后空冷来进行时效处理，以产生铜基金属间化合物。而在 SUS631 中，通过同样的时效处理析出 Ni-Al 金属间化合物。时效处理也适用于铜合金（如 Cu-Be 合金）和铝合金（如杜拉铝）。

另一方面，为了防止晶界腐蚀和应力腐蚀开裂，Ti 和 Nb 作为合金元素被添加，它们与碳的结合力比铬强，在固溶处理后，将其保持在 850 ~ 900℃的温度范围内，之后用空气或水冷却。此时，Ti 和 Nb 的碳化物首先析出，从而导致铬碳化物的析出被抑制，晶界附近的铬减少而导致的晶界腐蚀难以发生。这个过程称为稳定化处理。

- **析出硬化型不锈钢。**
- **也适用于铜合金和铝合金。**
- **防止晶界腐蚀和应力腐蚀开裂的稳定化处理。**

[1] 析出硬化不锈钢（SUS631）的时效处理示例

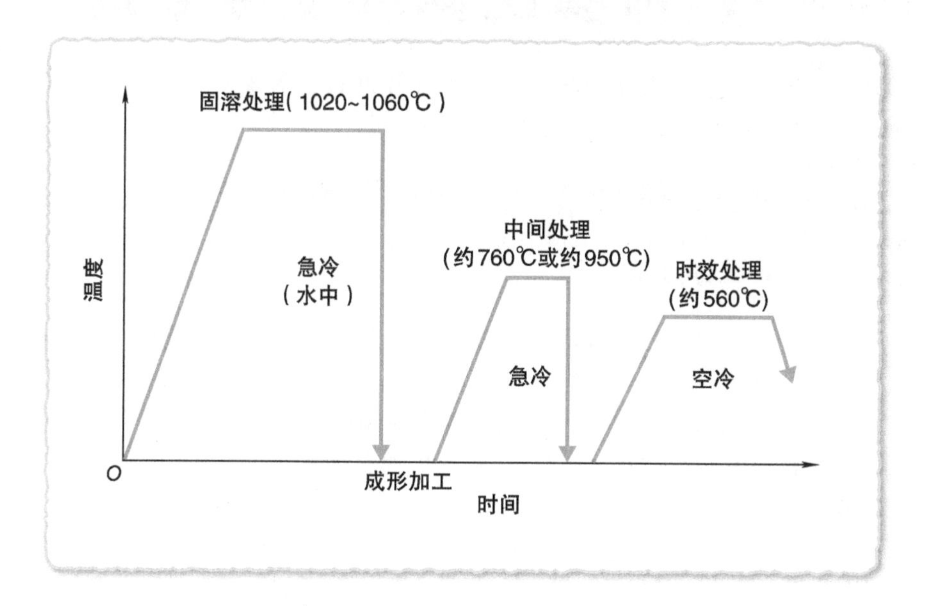

[2] 析出硬化不锈钢（SUS631）时效处理后的组织

黑色部分是通过时效处理析出金属间化合物的马氏体，白色部分是奥氏体。

残留奥氏体和深冷处理

防止表面硬度降低、尺寸变化和延时开裂。

残留奥氏体会引起各种问题，应该迅速使它转变为马氏体。

深冷处理等方法

渗碳件、渗氮件和工具钢在淬火时，马氏体中总是存在奥氏体，这称为残留奥氏体（符号 γ_R）。形成残留奥氏体的原因如下：①马氏体相变终点（*Mf*）取决于碳含量，见下页 [1]，碳的质量分数超过 0.7% 时 *Mf* 在常温以下；②淬火温度越高，越容易形成；③淬火冷却介质的温度越高，越容易形成；④油冷比水冷更容易形成。

γ_R 会导致以下问题：①表面硬度变低（γ_R 硬度低）；②在使用过程中，转变为马氏体，导致产品尺寸发生变化；③出现延时开裂。因此，有必要尽快将生成的 γ_R 转变为马氏体。有两种方法可以做到这一点。

（1）深冷处理　这是将未转化的 γ_R 强行冷却至 *Mf* 的操作，见下页 [2]。最常用的冷却剂是甲醇 + 干冰（可冷却至 −80℃）和液氮（可冷却至 −96℃）。操作时需注意，周围无引火点和周围环境是否缺氧。由于 γ_R 是从表面到靠近表面的内部位置形成的，所以需要保持 1 ~ 2h。处理后，最好在水中加热升温，因为空气冷却会导致表面结冰和生锈。重要的是，在淬火后要尽快进行该处理，而且一定要在回火前进行。如果先进行回火，γ_R 就会稳定下来，随后的深冷处理的效果会大大降低。

（2）不进行深冷处理降低 γ_R 方法　也可以在 200 ~ 250℃回火。

- **残留奥氏体会引发问题。**
- **深冷处理以防止残留奥氏体。**
- **在高于 200℃的温度下回火也有效。**

[1] 形成残留奥氏体的原因

(1)碳钢的 Ms、Mf 点和碳含量的关系

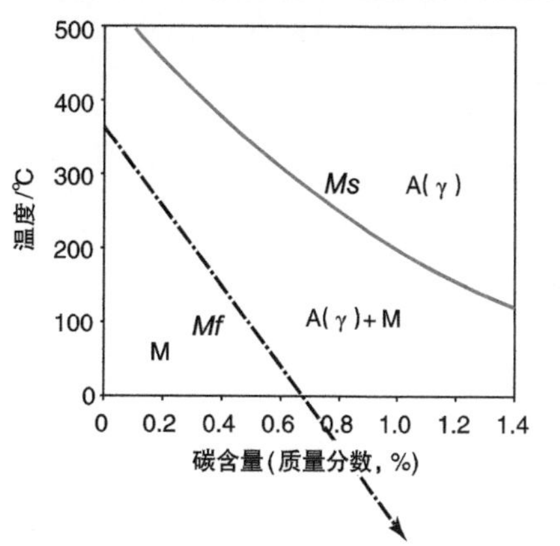

(2)碳含量、淬火温度和 γ_R 含量的关系

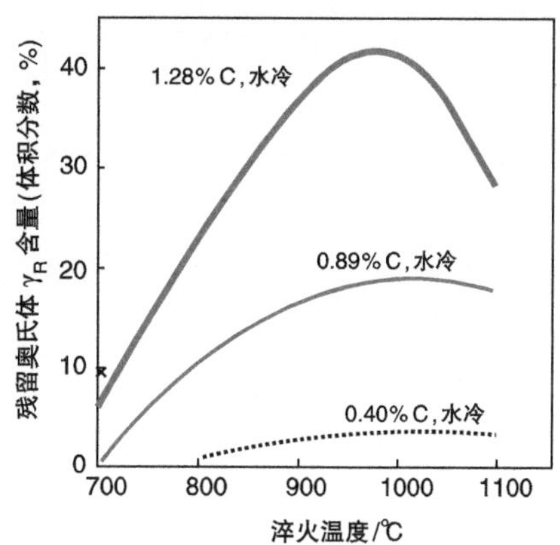

马氏体相变终点(Mf)取决于碳含量

[2] 深冷处理工艺图

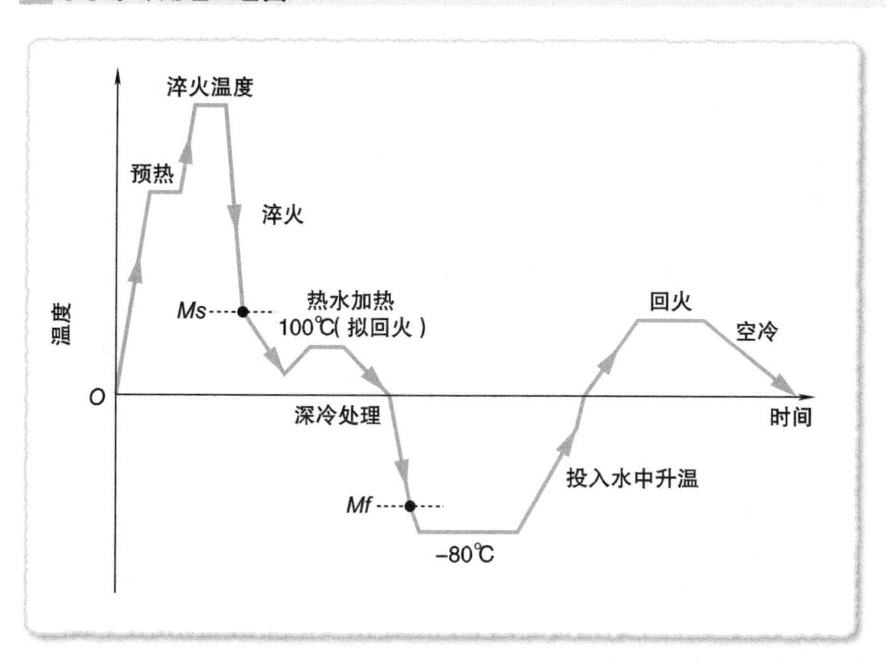

金属材料的热处理

在实际生产中，根据材料的类型和目的来选择热处理方法。

本章介绍各种材料及其用途，以及根据材料和用途选择的热处理方法。

钢铁是如何制成的？

生产生铁的炼铁，以及生产钢的炼钢。

铁占地球总质量的 34.6%。铁的生产过程称为冶炼。

冶炼的过程

在冶炼过程中，生铁是在高炉中由铁矿石制成的，钢是在转炉中制成的，而钢材是在连铸机中制成的。为了制造生铁，铁矿粉与石灰混合后，烧结成珍珠岩和焦炭，然后被装入高炉。焦炭燃烧，使炉内温度上升到 2000℃以上。燃烧产生的一氧化碳与铁矿石中以氧化铁形式存在的氧气在高温下发生反应。氧化铁被还原成生铁液。

杂质与石灰石反应形成炉渣，由于密度不同，炉渣在高炉底部与生铁液分离，并被分离取出。来自高炉的生铁仍然含有大量的杂质，如质量分数为 2.6%～4.5% 的 C、Si、Mn、P 和 S。

在炼钢过程中，通过从生铁液中还原出碳和杂质来炼钢。在这个过程中，转炉和电炉用于把生铁熔化成生铁液。在转炉中，氧气被吹入生铁，与 C、Si 和 Mn 产生的氧化热使生铁熔化。

废铁用于调整生铁的成分和控制炉内温度。添加除铁以外的其他元素，以调整成所需的成分。在转炉中生产的钢于连铸机上被拉出形成钢材，然后进行轧制。

电弧炉和高频感应炉是用于制造合金钢和高纯度钢的两种最常见的工业炉。在炉中，钢液中的气体和杂质被充分分离，钢液被调整为各种成分。

- **在高炉中用铁矿石制造生铁。**
- **还原生铁中的碳和杂质以炼钢。**
- **添加除铁以外的元素，以达到所需的成分。**

钢铁是如何制成的？

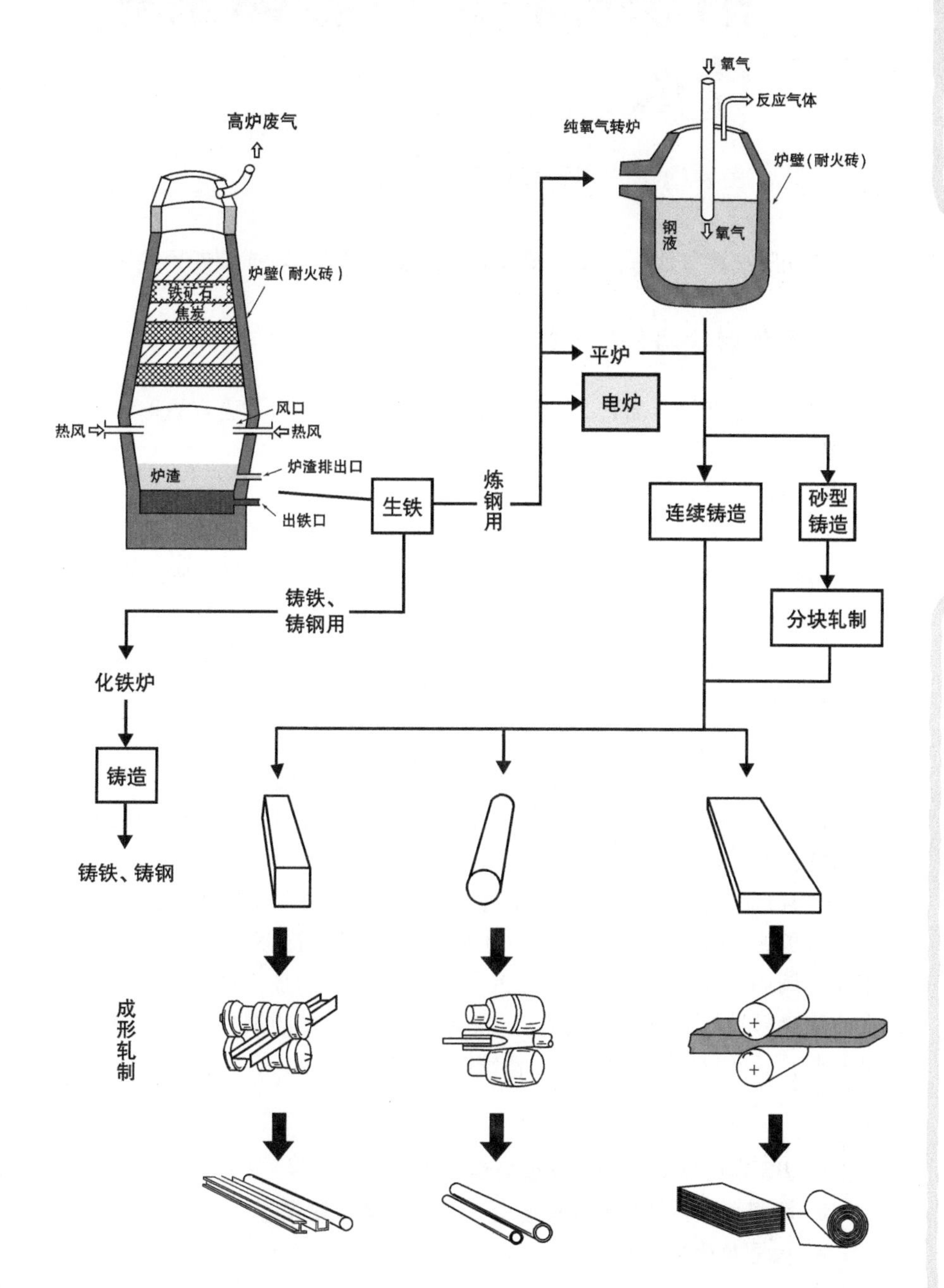

高炉废气
炉壁（耐火砖）
铁矿石
焦炭
风口
热风
热风
炉渣
炉渣排出口
出铁口
生铁
炼钢用
铸铁、铸钢用
化铁炉
铸造
铸铁、铸钢
氧气
反应气体
纯氧气转炉
炉壁（耐火砖）
钢液
氧气
平炉
电炉
连续铸造
砂型铸造
分块轧制
成形轧制

钢铁材料的命名体系是什么？

各种钢材的 JIS 牌号有一定的含义。

所有 JIS 钢都有牌号，表示碳含量、合金元素的名称或预期用途等信息。

牌号代表“身份”

大多数热处理钢产品是 JIS（日本工业标准）钢。为了更容易理解，每个 JIS 钢都有一个牌号。

有两种方法构成这个牌号。

第一种如下页 [1] 所示，用来表示机械结构用碳钢、渗碳钢、韧性钢和其他机械结构合金钢。牌号表示的基本原则是：①表示碳含量，碳是最重要的合金元素之一；②表示合金元素的代号。例如，图中第 1 组是表示钢的代号 S，如果是碳钢，第 2 组表示碳含量，并在其后面加上 C，表示是碳钢。碳含量以两位数的整数表示，其计算方法是将规格范围的中位数乘以 100。合金钢的表示几乎与它们的结构完全一致，第 1 组用字母 S 表示，第 2 组用合金元素符号的缩写表示（见下页 [2]），第 3 组表示合金元素的代码（1 位），第 4 组给出的碳含量（%）是规格范围中值的 100 倍的整数。对于大多数钢种来说，没有标明第 5 组，只有少数钢种标明。

另一种标记方式是应用在工具钢等特殊钢铁材料的情况下，这些标记不是由碳含量或合金元素来表示的，而主要是通过使用英文的第一个字母来表示用途。例如，碳素工具钢是 SK120，其中 K 代表的是工具。只有碳素工具钢在用途代号后标有重要的碳含量（2 或 3 位）。其他的钢种只是标识各自的等级分类。下页 [3] 是几种典型的特殊钢的示例。

- **JIS 钢牌号表示它是什么类型的钢。**
- **钢牌号中各代号表示碳含量、合金元素、用途等。**
- **代号 K 代表工具。**

[1] 机械结构用 JIS 钢的牌号结构

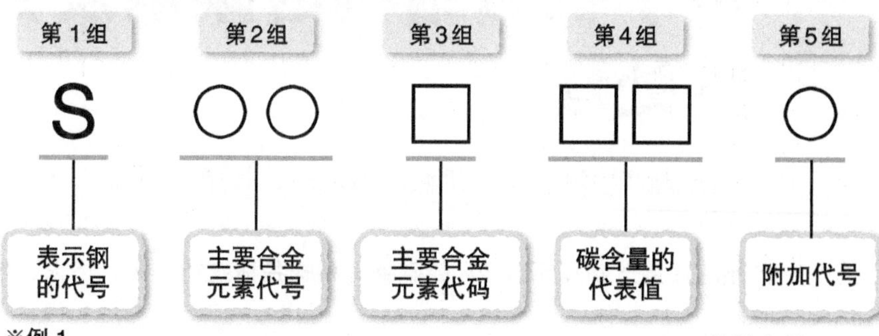

※例 1

1）S45C 表示碳钢（碳的质量分数为 0.42%～0.48%）。

2）SCM415 表示铬钼钢 415（碳的质量分数为 0.12%～0.18%）。

○ = 英语字母
□ = 数字

[2] 合金元素的代号

元素名	记号	
	符号	代号
铬	Cr	C
钼	Mo	M
镍	Ni	N
锰	Mn	Mn
铝	Al	A

左表是[1]的第2组的合金元素代号

※例2

1) 铬钢 415 表示为 SCr415。

2) 镍铬钼钢 420 表示为 SNCM420。

[3] 特殊钢铁材料的牌号及其示例

序号	钢种	名称	说明
1	SK120	碳素工具钢 120	K：日语工具的开头字母，120 表示碳的质量分数为 1.20%
2	SKD61	热作模具钢 61 种	K：日语工具的开头字母，D：日语模具的开头字母，模具也归为工具类，61 表示热作模具钢的种类
3	SUJ2	轴承钢 2 种	U：Use，J：Journal，2 表示轴承钢的种类
4	SUS304	（奥氏体系）不锈钢 304	U：Use，S：Stainless，304 表示不锈钢的种类（奥氏体系）
5	FCD650	球墨铸铁 650	F：Fe，C：Cast，D：Ductile，650 表示抗拉强度为 650MPa

40 用于机械结构的碳钢及其热处理

用于普通机械、工业机械、机动车、轨道车辆等。

这是一种碳的质量分数低于 0.6% 的碳钢，根据用途进行淬火、回火、退火或正火。

通常被称为 SC 材

钢铁材料可分为三大类：碳钢，主要含有碳；合金钢，根据应用情况加入碳以外的合金元素，以获得特殊性能；铸钢和铸铁，用于铸造件。

碳钢被广泛使用，因为它容易获得，价格低廉，而且是高质量的脱氧钢。碳的质量分数在 0.6% 以下的碳钢一般作为结构钢使用，而碳的质量分数在 0.6% 以上的钢主要作为工具钢使用。

结构用碳钢有两种类型：一般结构用碳钢（在 JIS 中用 SS 表示）和机械结构用碳钢（在 JIS 中用 SC 表示）。机械结构用碳钢被广泛用作运输机械的结构材料，如普通机械、工业机械、汽车和铁路车辆。JIS 规定了该钢的化学成分，但没有规定力学性能。

该系列被细分为 23 种类型，包括三种表面硬化钢。

机械结构用碳钢包含 S10C ~ S58C。在使用时，这些钢要进行热处理，以改善其加工和使用的性能。热处理的主要类型是淬火、回火、退火和正火。

淬火是将钢加热并保持在适当的温度，然后用水、油等进行冷却的过程。这使钢的硬度极高，但脆性也较大，所以通常不会直接使用。淬火后，钢被加热到适当的温度，然后通过水或其他方式冷却。这一过程改善了淬火过程中的脆性，增加了韧性，但强度和硬度略有下降。

- **结构用碳钢有两种类型：一般结构用碳钢和机械结构用碳钢。**
- **机械结构用碳钢用于普通机械、工业机械和汽车等。**
- **经过热处理，以适应各种用途。**

[1] 机械结构用碳钢的碳含量和力学性能（JIS G 4051）

材料牌号	碳含量(质量分数，%)	热处理	屈服强度/MPa	抗拉强度/MPa	伸长率(%)
S10C	0.10	正火	>205	>310	>33
S15C	0.15	正火	>235	>370	>30
S20C	0.20	正火	>245	>400	>28
S25C	0.25	正火	>265	>440	>27
S30C	0.30	正火	>285	>470	>25
		淬火、回火	>335	>540	>23
在这个区间内还有S35C(C0.35%)~S50C(C0.50%)					
S55C	0.55	正火	>390	>650	>15
		淬火、回火	>590	>780	>14
S58C	0.58	正火	>390	>650	>15
		淬火、回火	>590	>780	>14

※碳含量取中位数。

[2] 共晶钢的膨胀和收缩之间的关系取决于加热和冷却方法

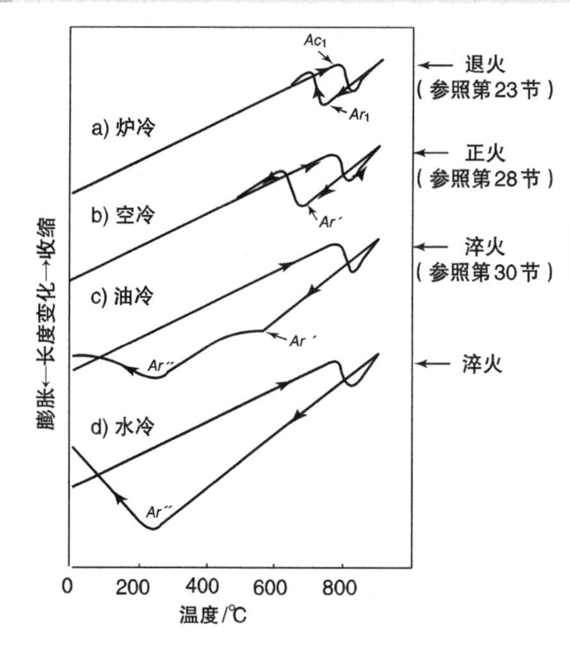

机械结构用碳钢是价廉又易购的材料。用途参照第2节的表。

退火是将钢加热到一个合适的温度，然后缓慢冷却的过程，例如在炉内冷却，以软化钢，使其更容易加工。这种热处理也消除了由加工引起的组织变化和内部应力。

正火是指将钢加热到适当的温度，然后在空气中冷却的过程。这个过程通过细化因为过热产生的粗晶粒来改善钢的性能。

从 S28C 开始可以淬火

JIS 机械结构用碳钢从 S28C 开始可以淬火。为了弥补低碳带来的不足，五大元素之一的锰的质量分数从 0.3% ~ 0.6% 增加到 0.6% ~ 0.9%。对于不能淬火的低碳钢，采用退火或正火处理。有些企业因为不懂这个，对一些低碳钢进行淬火，但得不到硬度提升。根据 JIS 规定，碳钢退火和正火的加热温度根据碳含量设定。下页 [1] 列出了各种碳钢的退火温度和正火温度。

S45C 钢的淬火和回火工艺示例见下页 [2]。加热温度为 820 ~ 870℃，冷却方式为水冷。例如，圆棒在 850℃下通过水射流进行淬火。然而，对于半成品，在 850 ~ 870℃的气氛中加热后进行油淬，见下页 [3]，其硬度相较水淬的情况略低。

随后在 550 ~ 650℃进行回火，以获得强韧性好的索氏体结构。

当钢被淬火时，淬火效果取决于碳含量，同时即使化学成分和淬火条件相同，也会因材料的直径和厚度不同而效果不同。这称为质量效应。碳钢的质量效应更大，随着直径的增加，内部的冷却速度降低，淬火硬度下降。

如果是碳钢，建议不要过分依赖 25mm 直径钢棒的 JIS 数据，而是要与热处理加工厂充分沟通。在半成品的情况下，如果有哪怕是一件不同直径的工件，就必须事先决定在哪里测量表面硬度。

- **退火和正火的加热温度取决于碳含量。**
- **S28C 及以上的产品可以在淬火后使用。**
- **碳钢易于获得，价格低廉，使用广泛。**

[1] 碳钢的相变点、退火温度和正火温度

碳含量(质量分数，%)	相变点/℃				退火温度/℃	正火温度/℃
	加热	平衡	加热	平衡		
	Ac_3	Ae_3	Ac_1	Ae_1		
0.25	840	825	730	727	860	890
0.3	815	795	730	727	840	875
0.35	800	—	730	727	830	860
0.4	790	775	730	727	820	850
0.45	780	—	730	727	810	840
0.5	770	760	730	727	800	840
0.55	765	—	730	727	790	830
0.58	760	740	730	727	790	830

[2] S45C 钢的淬火和回火工艺示例

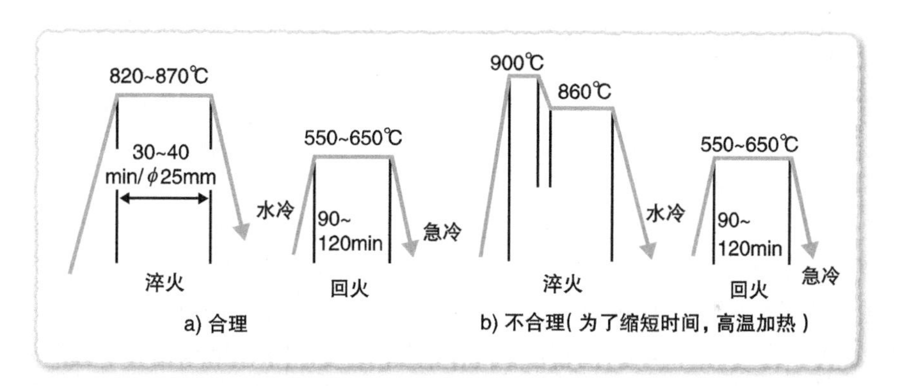

a) 合理　　b) 不合理(为了缩短时间，高温加热)

[3] S45C 钢的油冷淬火工艺示例

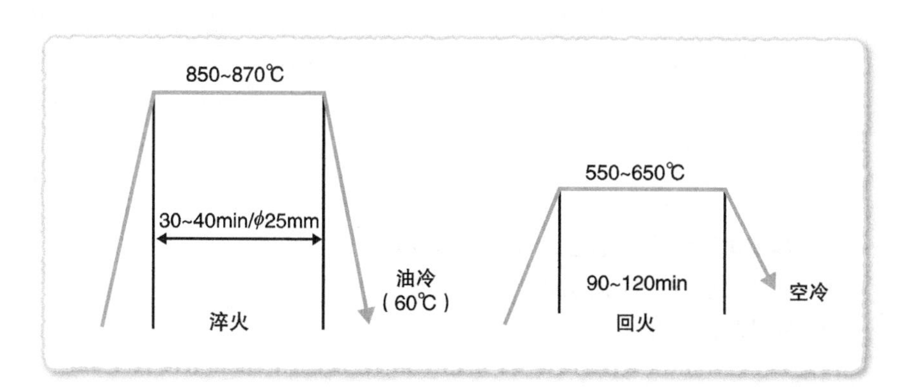

41 用途广泛的机械结构用合金钢及其热处理

韧性钢、高强钢、表面硬化钢。

机械结构用合金钢是通过添加合金元素而具有比碳钢更高的强度和耐磨性的钢。

良好的淬透性

机械结构用合金钢是在碳钢中加入除碳以外的合金元素，如 Cr、Ni 和 Mo，使它具有更高的强度、耐磨性和耐热性。这些钢经过热处理以发挥其最佳性能。

当不含合金元素的碳钢被硬化时，硬化层深度较浅（低淬透性），或在大型或厚壁零件中容易出现不均匀现象。这种硬化性的差异称为质量效应。相比之下，含有合金元素的钢具有更好的淬透性，并且在回火时，具有更大的回火稳定性和更高的韧性。

机械结构用合金钢主要有三种：韧性钢、高强钢和表面硬化钢。韧性钢用于要求韧性的机械零件，如轴、齿轮和螺栓。高强度钢用于车辆、桥梁、船舶、塔架、高压容器等，对高强钢来说，焊接性也很重要。合金钢中的碳含量越高，焊接性就越差，所以碳的质量分数在 0.2% 以下。添加 Mn 和 Si 来提高强度和韧性，此外，还添加了少量的 Nb、V、Ni、Cr、Mo 等，以提高强韧性和耐候性。

要求具有耐磨性和非常高的表面硬度，同时又需要内部韧性时，就会使用表面硬化用钢。通过热处理，在钢铁表面渗透扩散碳（渗碳处理），之后进行淬火的渗碳钢就是表面硬化用钢。还有一种渗氮钢，钢内加入了少量的 Al，使用 NH_3 气体渗透扩散氮（渗氮处理），在表面形成一种极硬的化合物（如 FeN、AlN），达到表面硬化。

- **具有比碳钢更高的强度和耐磨性的钢。**
- **分为韧性钢、高强钢和表面硬化钢。**
- **良好的淬透性。**

机械结构用合金钢的分类

钢种	韧性钢	高强钢	表面硬化钢
主要的合金钢	Cr钢、Cr-Mo钢、Ni-Cr钢、Ni-Cr-Mo钢	Cr钢、Cr-Mo钢、Ni-Cr钢、Ni-Cr-Mo钢、Si-Mn-Nb钢、Si-Mn-Mo-V钢	Cr钢、Ni-Cr钢(渗碳钢)、Ni-Cr-Mo钢(渗碳钢)、Al-Cr-Mo钢(渗氮钢)等
特征	• 使机械零件达到所需的800MPa左右或以上的抗拉强度和高韧性 • 通过淬火和回火的组合才能得到所需的强度	• 一般抗拉强度在500MPa以上，高强度，高韧性，碳的质量分数在0.02%以下，以保证焊接性。 • 进一步添加P、Cu，以提高钢在大气中的耐蚀性的耐蚀钢、汽车用钢板[碳含量极低的BH(Bake Hardening)钢板等] • 合金钢的强度/质量的比值大、实现了产品的大型化、高性能化、轻量化	• 表面硬化用钢，通过对钢表面渗碳、渗氮的热处理达到表面硬化的钢
应用示例	工业用机械的挡板、履带、齿轮、曲轴	桥梁、发动机相关部件、汽车用钢板、铁塔、起重机	泵零部件、轴、曲轴

强化碳钢的合金元素

使用机械结构用合金钢的原因：①提高强度；②提高淬透性；③增加韧性。

机械结构用合金钢中，SC 钢相对便宜，其次是 SCM 钢，然后是更昂贵的 SNCM 钢，它具有最高的淬透性。这种类型的钢是通过热锻等方法成形的，然后进行冷锻或温锻，再通过机械加工制成最终形状。合金钢的碳含量在亚共析钢的范围内，淬火温度与碳钢相同，Ac_3 +40 ~ 50℃。由于合金元素的存在，合金钢的保温时间比碳钢稍长，以便有充分的时间让合金溶入奥氏体。

机械结构用合金钢有许多类型，所有这些类型的钢都需要经过热处理，形成淬火马氏体，然后充分回火，以获得所需的韧性。淬火回火状态下的强度和硬度主要受碳含量的制约，但合金元素对淬透性、回火稳定性和回火脆性有重要影响。获得相同的强度的同时，合金钢可以在比碳钢更高的温度下回火，从而增加其韧性。

下页 [1] 所示为合金钢的热处理工艺，右边列出了典型钢种的淬火温度。碳钢在 820 ~ 870℃加热保温后进行水淬，而合金钢通常在 830 ~ 880℃加热保温后进行油淬。只有 SNCM 钢，在 820 ~ 870℃加热保温后进行油淬，因为合金钢具有良好的淬透性，所以油淬就可以获得良好的硬度。

因为要求具有韧性，回火在 550 ~ 650℃进行，但为了防止回火脆性，SCr 钢和 SNC 钢需要快冷。这是由于在 550℃左右回火和缓慢冷却后，虽然抗拉强度、伸长率等没有特别的变化，但是冲击性能会出现异常下降的现象。

有许多不同类型的合金钢应用于各种零部件中，下页 [2] 列出了其中的一部分。

- **比碳钢有更好的淬透性。**
- **淬火基本是在 830 ~ 880℃的温度下进行油淬。**
- **SCr 钢和 SNC 钢需要在回火加热后快速冷却，以防止回火脆性。**

[1] 合金钢的热处理工艺

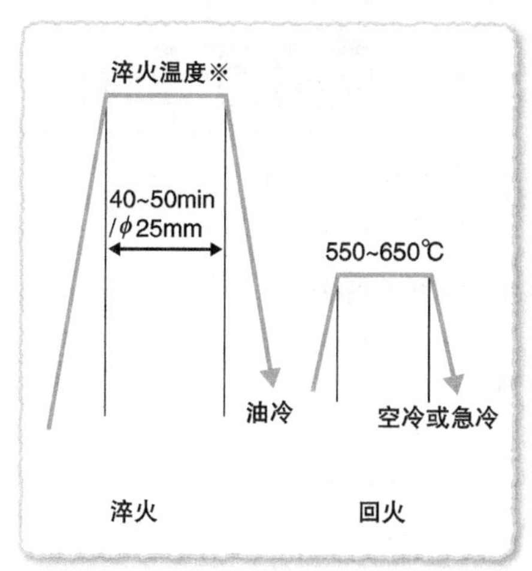

※各种钢的淬火温度

钢种	淬火温度/℃	冷却介质
SCr435	830～880	油
SCr440	830～880	油
SCM435	830～880	油
SCM440	830～880	油
SNC230	830～880	油
SNC631	820～870	油
SNCM431	820～870	油

[2] 应用示例

零部件名	材料	热处理	应用示例
链条	SNCM439	调质	冷冻室用搬送链条
鞋钉	SCM435	调质	登山用具
冰斧	SNCM439	调质	登山用具
管子扳手	SCM440	调质	工具
缸体	SCM435	调质	工程机械
齿轮	SCM435	调质	汽车

增强性能的特殊钢和工具钢及其热处理①——应用于工具

碳素工具钢、合金工具钢、高速工具钢。

用于制造切削工具和塑性加工工具的钢称为工具钢。

合金工具钢具有良好的淬透性

工具分为切削工具，如刀具和钻头，以及塑性加工工具，如冲压工具、冲头和模具（用于生产与模具相同形状的产品）。用于制造这些工具的钢称为工具钢。要求工具钢具有硬度、韧性和耐磨性。刀具要经过锻造、切割和热处理，因此也必须具有优良的可加工性和热处理性能。

主要的切削工具钢有：①碳素工具钢；②合金工具钢；③高速工具钢。

碳素工具钢，通常称为 SK 钢，是碳的质量分数为 0.6% ~ 1.5% 的高碳钢，经淬火回火后适用于切削工具。这些工具钢在切削温度上升时也会失去部分硬度，不能用于切削刃温度达到 300℃的环境中，因此它们适用于低速切削刀具和手工工具。

合金工具钢是提高了强度的碳素工具钢，其碳的质量分数为 0.6% ~ 1.5%，碳含量根据应用情况进行调整。除碳外，还加入 Cr、Ni、W、V 等元素，以提高淬透性和耐磨性。这种钢可用于低速机床的刀具和带锯。

高速工具钢是改进了切削性能的合金工具钢，含有质量分数为 4% 的 Cr，W 系列含有 W 和 V，Mo 系列进一步添加了 Mo。高速工具钢在基体中析出了大量的 Cr、Mo、W 等的硬质碳化物，其硬度在切削刃的温度上升到 500 ~ 600℃时才会降低，因此高速工具钢具有高的耐磨性，并能保持其锋利性。

- **工具钢需要有硬度、韧性和耐磨性。**
- **切削用工具钢、塑性加工用工具钢。**
- **高速工具钢在切削刃温度上升到 500 ~ 600℃时，才会开始降低硬度。**

工具用工具钢的分类

钢种		碳素工具钢	合金工具钢		高速工具钢
		手工工具等用	切削工具用	耐冲击用	W系
主要钢种（JIS牌号）		SK140	SKS11	SKS4	SKH4
Fe以外的主要成分（质量分数，%）	C	1.30~1.50	1.20~1.30	0.45~0.55	0.73~0.83
	Cr	—	0.20~0.50	0.50~1.00	3.80~4.50
	W	—	3.00~4.00	0.50~1.00	17.0~19.0
	V	—	0.10~0.30	—	1.00~1.50
	Ni	—	—	—	
	Co	—	—	—	9.00~11.0
	Mo	—	—	—	—
主要特点		因为廉价而应用广泛，但是淬透性差，限于小型工具	添加Cr、W生成碳化物，提高耐磨性。Cr还能提高淬透性	有韧性和一定的耐磨性。通过淬火表面形成薄的硬化层，内部保持韧性	• 作为切削工具钢，目前应用得最广泛。含有大量的W、Mo、Cr，回火稳定性高 • 600℃附近的高温硬度比其他合金钢高，即使高速切削时的切削刃的温度升高，也不容易软化。切削刀具寿命高
各种钢的应用示例		扳手、测量工具	钻头、旋盘用工具、车模工具、铣刀	冲压工具、钢板切断工具、冲孔工具	铣刀刀片

接下来，开始介绍工具钢的热处理问题。

为了提高硬度和耐磨性，采用了高碳含量，通过淬火和随后的低温回火，形成在硬的回火马氏体基体上分散球状碳化物的组织。

碳素工具钢的情况如何？

碳素工具钢是通过事先对渗碳体进行球化后淬火以增加其韧性，然后在150～200℃进行回火，维持其硬度。这种钢不适合用于高速切削、厚壁刀具或形状复杂的刀具，但价格低廉，易于热处理，所以仍占所有工具钢产量的一半左右。合金工具钢的主要产品是 W-Cr 钢，含有质量分数为 0.8%～1.5% 的碳，高达 5% 的钨和 0.2%～1.0% 的铬。

作为高碳工具钢的碳钢和合金钢，一般都是从奥氏体和碳化物共存的状态下进行淬火的。但对于切削工具来说，如果在网状的初析渗碳体状态下进行淬火，切削刃会很脆，容易断裂，所以在淬火前对渗碳体进行球化退火处理。此外，由于碳含量高，很可能出现脱碳现象，所以要使用非氧化炉或盐浴炉。

高速工具钢的情况如何？

高速工具钢是与合金工具钢相比具有更好切削性能的工具钢，有含 W 和 V 的 W 系列和含 Mo 的 Mo 系列。在淬火温度下，W 和 Mo 固溶在奥氏体中，可改善淬火性能。回火时，通过合金碳化物的析出引起二次硬化，析出的硬碳化物在高速切削过程中，当切削刃的温度升高时不容易软化，从而提高了耐磨性和耐久性。

高速工具钢在淬火过程中要经受高温（1200～1360℃），容易引起晶粒粗大，因此应严格地控制淬火温度。

- **碳素工具钢价格低廉，易于热处理。**
- **高碳工具钢经过球化退火处理，然后进行淬火。**
- **高速工具钢需要严格的淬火温度控制。**

[1] 合金工具钢的热处理工艺示例

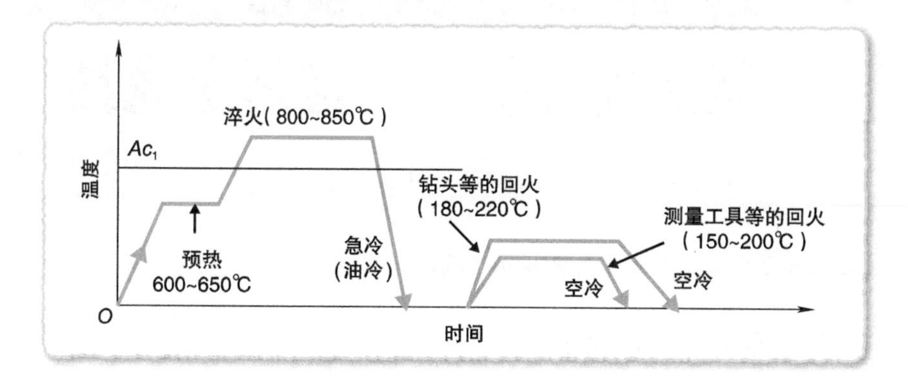

[2] 高速工具钢(如 SKH51)的热处理工艺示例

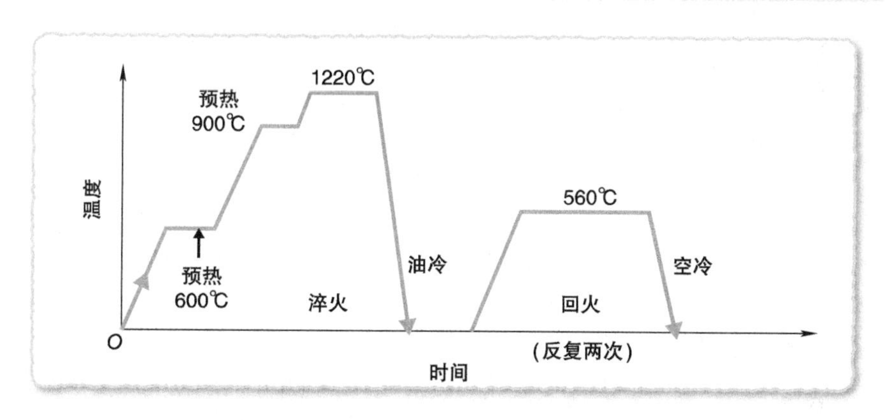

[3] 高速工具钢的回火二次硬化现象

W和Mo生成硬质的化合物以提高耐磨性，另外一部分在淬火温度下，溶入奥氏体，改善淬透性和防止回火硬度降低。

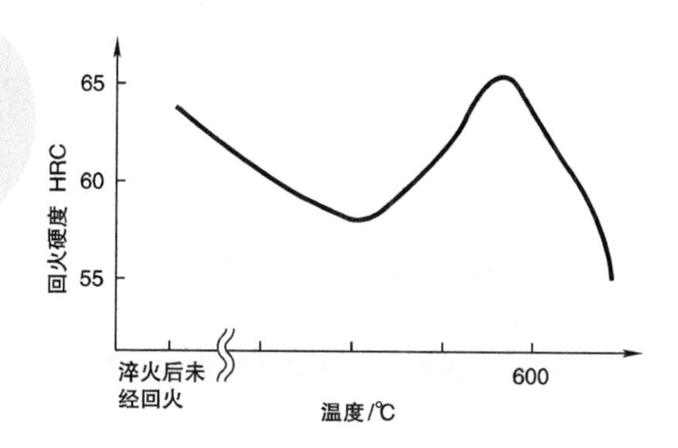

43 增强性能的特殊钢和工具钢及其热处理②——应用于模具

作为金属塑性加工的成形模具材料。

本节涉及合金工具钢中的模具用工具钢。

用于冷加工和热加工

JIS 对工具钢中的合金工具钢根据其用途分为两类：切削用钢（SKS）和模具用钢（SKD）。

模具用钢也称为模具钢，在金属塑性加工中用作成形模具，如拉拔、模切和锻造。工具钢含有含量相对较高的碳（质量分数通常为 0.9% ~ 1.5%）和多种其他元素，如 Cr、W、V、Mo 等，含量范围很广（质量分数从 0% 到 10% 以上）。

根据被加工材料的温度，这些钢分为两大类：冷加工用钢和热加工用钢。

冷加工用钢（冷作模具钢）在加工成模具后进行热处理，需要钢材具有热处理变形小，时效变形小，而且耐磨性大的特点。通过热处理，在马氏体基体上分散析出硬质的微细铬碳化物，提高耐磨性。铬含量大，淬透性高，大型工件也可以硬化到内部，空冷也可以硬化。

热加工用钢（热作模具钢）则用于热挤压、锻造和压铸的模具。为了防止反复加热和冷却后表面出现裂纹，采用减少碳含量、提高了铬含量的 W-Cr-V 钢、Mo-Cr-V 钢，即使加热到 600℃左右，其硬度、耐磨性和抗高温氧化的能力也得以保持。Mo、Cr 和 V 称为碳化物形成元素，在淬火后的回火温度为 550 ~ 600℃时，其硬度会高于淬火后的硬度。

这称为二次硬化，是由于溶解的碳化物在回火温度下弥散析出而引起的。对高温下使用的模具非常有益。

- **碳的质量分数为 0.35% ~ 1.6%，含量范围广。**
- **用于冷加工和热加工。**
- **用于热加工的领域有热挤压、锻造、压铸等。**

模具用合金工具钢

钢种		冷作模具钢	热作模具钢
主要钢种（JIS牌号）		SKD11	SKD61
Fe以外的主要成分（质量分数，%）	C	1.50	0.40
	Cr	12.0	5.20
	W	—	—
	V	0.3	1.0
	Mo	1.0	1.20
主要特征		加工后的时效变形小。铬碳化物的大量弥散分布提高了耐磨性。淬透性好，空冷也可以充分硬化，淬火变形小。具有高硬度和耐磨性。	即使是在反复加热冷却的严酷条件下使用，也不易发生基于热疲劳的表面裂纹。在600℃以内的高温下使用，仍能保持硬度、耐磨性及耐高温氧化性。易于硬化，变形小。
冷作模具、热作模具的应用示例		螺纹加工模具 钢板折弯机 深拉加工机床 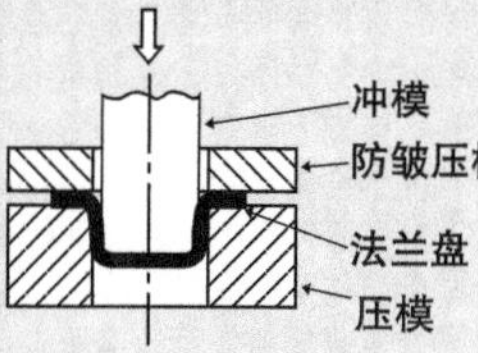 冲模 防皱压板 法兰盘 压模	钢板热轧机 钢轨热轧机 热拉丝机 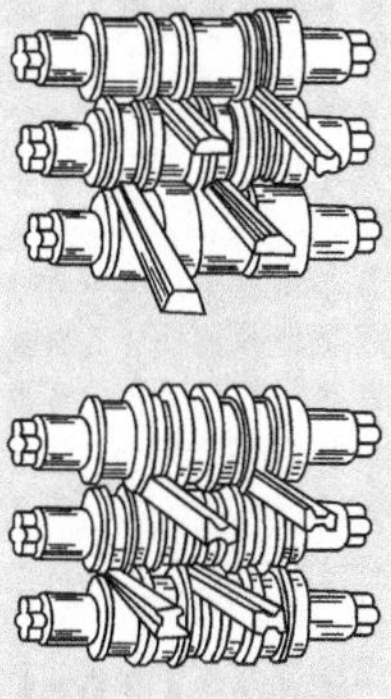

※主要成分为大致的中位值。

室温模具、冷作模具钢、热作模具钢

SKD 是最常用的模具钢。

模具分为两类：冷作模具钢，如在室温下使用的冲压模具和冷锻模具等；热作模具钢，如铸造、热锻、热挤压、压铸和塑料注射用的模具等。

冷作模具钢使用高碳铬钢，代表钢种是 SKD11，而热作模具钢的代表钢种是 SKD61。下页 [1] 中的表格列出了 SKD11 和 SKD61 两种钢的主要化学成分。钢中含有许多特殊的元素，如 Cr、W、Mo 和 V，这些元素都能形成碳化物。

其碳化物的导热性差，所以淬火条件与 SK 和 SKS 材料不同。下页 [1] 中的图所示为 SKD11 的等温转变图，“鼻翼”偏长时间一侧，表明它通过空气冷却就很容易变硬。

下页 [2] 所示为 SKD 系列工具钢的热处理工艺。在 400 ~ 500℃、800 ~ 850℃进行一定时间的保温，再将温度提高到淬火温度 1020 ~ 1050℃。这是考虑到特殊碳化物的导热性差，应尽量减少模具材料的刚度和相变引起的应变。

加热设备包括盐浴炉、空气炉、可控气氛炉和真空炉。在空气或可控气氛中淬火足以硬化。均匀冷却对于防止变形很重要。

淬火后，进行深冷处理，将残留奥氏体转变为马氏体，并进行回火处理。冷加工的温度为 150 ~ 180℃，热加工的温度为 530 ~ 570℃。对于热作模具钢，在 550℃左右的回火会引起二次硬化，增加硬度、耐热性和耐磨性。

根据不同的合金元素和应用，经常使用 2 ~ 3 次回火来分解残留奥氏体。

- **有两种类型的模具：冷作模具钢和热作模具钢。**
- **SKD 材料的硬化条件与 SKS 和 SK 材料的硬化条件不同。**
- **均匀冷却是防止变形的一个重要因素。**

[1] SKD11 的等温转变图

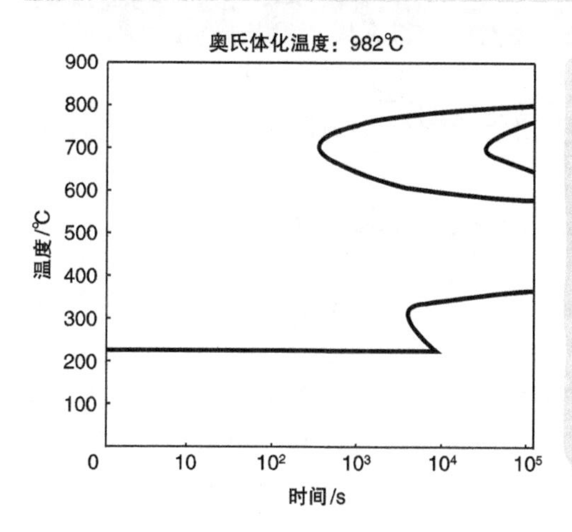

SKD11、SKD61 的化学成分

牌号		SKD11	SKD61
化学成分（质量分数，%）	C	1.5	0.4
	Cr	12.0	5.2
	Mo	1.0	1.2
	V	0.3	1.0

※化学成分为大致的中位值。

[2] SKD 系列工具钢（SKD11、SKD61 等）的热处理工艺

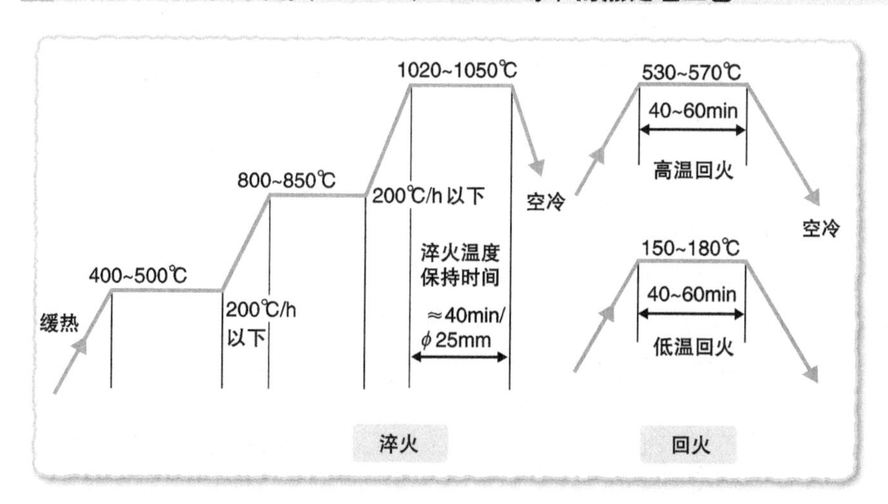

[3] SKD11、SKD61 的热处理条件和硬度示例

牌号	淬火	回火	硬度 HRC
SKD11	1030℃，空冷	180℃，空冷	58 以上
SKD61	1030℃，空冷	550℃，空冷	50 以上

44 耐腐蚀不锈钢及其热处理

Stainless Steel“不易生锈的钢”。

不锈钢是铬的质量分数在 12% 以上的钢，具有耐蚀性。

铬作用下生成氧化保护层

一般钢在大气中暴露并存在水分时容易腐蚀，在高温下（550℃以上）会加快氧化，导致其力学性能显著下降。当质量分数在 12% 以上的铬被添加到钢中时，钢在空气中几乎不受腐蚀。这是因为铬在钢的表面形成了一层致密的、紧密附着的保护性氧化膜，从而防止了氧气进入钢中。

不锈钢分为 Cr 系和 Cr-Ni 系。根据其组织，Cr 系分为铁素体系和马氏体系，Cr-Ni 系分为奥氏体系和沉淀硬化系。铁素体钢具有高铬含量和低碳含量，这意味着它们无法通过淬火硬化，其组织是铁素体单相。这些钢的硬度低，但在一般环境下具有良好的耐蚀性和焊接性，被广泛用于板材、装饰品和家用产品。

马氏体不锈钢由质量分数为 12% ~ 18% 的铬和 0.3% ~ 1.2% 的碳组成，经淬火后形成马氏体组织。这种类型的钢用于需要高耐蚀性和硬度的切削工具。

典型奥氏体不锈钢的化学成分（质量分数）为 C0.08% 以下，Cr18% ~ 20%，Ni8.0% ~ 1.0%。随着镍的加入，保护性的氧化层变得更加致密，更耐腐蚀和氧化。这种钢在 650℃左右的缓慢冷却过程中，在晶界析出铬碳化物，容易发生晶界腐蚀。

沉淀硬化不锈钢也称为 PH 不锈钢，是通过在析出硬化过程中析出细小的金属间化合物而制成的。这种钢常用于制作飞机发动机的零部件和高强度弹簧。

- **铬的质量分数在 12% 以上的不易腐蚀的钢。**
- **铬在钢的表面形成了一层致密的、紧密附着的保护性氧化膜。**
- **不锈钢分为三大类。**

不锈钢的主要类型

类型	Cr系不锈钢		
	铁素体系	马氏体系	
主要钢种	SUS430	SUS420J2	SUS440C
Fe以外的主要成分(质量分数,%)	18Cr	13Cr	18Cr−1C
性能	耐蚀性强的泛用钢	耐蚀性好,机械加工性好	各种不锈钢、耐热钢中硬度最高,耐蚀性较弱
用途	化学工业用,建筑内装饰用,家庭器具用	一般机械部件的刃部	喷嘴、阀、轴承、刀具
类型	Cr-Ni系不锈钢		
	奥氏体系		
主要钢种	SUS302	SUS304	SUS316
Fe以外的主要成分(质量分数,%)	18Cr−8Ni−高C	18Cr−8Ni	18Cr−12Ni−2.5Mo
性能	由于冷加工的加工硬化,硬度高,但是伸长率低	作为耐腐蚀、耐热钢应用最广泛	耐非氧化性的酸,高温强度高。比SUS304耐蚀性好
用途	建筑物的外装材料	食品设备、一般化学设备、原子力设备的零部件	化学工业用设备(造纸、化学纤维、合成树脂等)
不锈钢的应用示例	刀具、吸振器、泵叶轮	建材、水闸、排水管、不锈钢浴槽	化工厂、家庭厨房设备,阀

※主要钢种为JIS牌号。

铬是一种主要元素

以下说明各种不锈钢的热处理。

（1）铁素体不锈钢　进行退火处理是为了获得耐蚀性和韧性。铬的质量分数为 11% ~ 18% 的钢种加热到 780 ~ 850℃，然后缓慢冷却。铬的质量分数为 25% ~ 32% 的高铬钢种加热到 900 ~ 1050℃，然后进行快冷，以减少碳化物的析出。

（2）马氏体不锈钢　马氏体不锈钢是唯一可以淬火的不锈钢钢种。碳的质量分数为 0.08% ~ 1.2%，铬的质量分数为 11% ~ 18%。尽管耐蚀性略有下降，为了利用高硬度的优势，通过淬火使组织马氏体化。代表钢种是 SUS420J2，退火处理温度为 800 ~ 900℃，缓慢冷却，淬火温度为 920 ~ 980℃，油冷。当重视韧性时，使用相对低碳的不锈钢，在 600 ~ 750℃下进行回火后急冷。当重视硬度时，例如刀具等，对高碳的不锈钢在 100 ~ 300℃下回火，可防止在 600℃下回火而降低耐蚀性，并且可以获得高达 58HRC 及以上的表面硬度。

（3）奥氏体不锈钢　奥氏体不锈钢是使用最广泛的不锈钢，主要是因为其耐蚀性。通过添加 Cr 和 Ni 形成奥氏体单相来提高耐蚀性。为了减少晶界上碳化物的析出（敏化），碳含量被降得尽可能低。为了确保析出的碳化物完全固溶，合金加热到 1010 ~ 1150℃，然后迅速冷却。为了确保析出的碳化物完全凝固，加热到 1010 ~ 1150℃后迅速冷却（固溶处理）。通过这种热处理，耐蚀性得到了稳定。

（4）沉淀硬化不锈钢　JIS 规定了 SUS630 和 SUS631 两个钢种。SUS630 通过固溶处理进行马氏体化，然后加热到 470 ~ 630℃，之后通过时效处理析出金属间化合物进行硬化。SUS631 通过固溶处理、深冷处理和冷加工进行马氏体化，然后通过时效处理析出金属间化合物进行强化。这是一种高强度的钢，具有良好的耐蚀性和耐磨性。

- **铁素体不锈钢经过退火处理以提高耐蚀性和韧性。**
- **马氏体不锈钢是唯一可以淬火的不锈钢。**
- **奥氏体不锈钢的耐蚀性通过固溶处理得到稳定。**

[1] 典型钢种的化学成分

分类	钢种	化学成分(质量分数,%)			
		C	Ni	Cr	Mo
铁素体系	SUS430	0.12以下	—	16.00~18.00	—
马氏体系	SUS420J2	0.26~0.40	—	12.00~14.00	—
奥氏体系	SUS304	0.08以下	8.50~10.50	18.00~20.00	—

[2] 上表中材料的热处理工艺示例

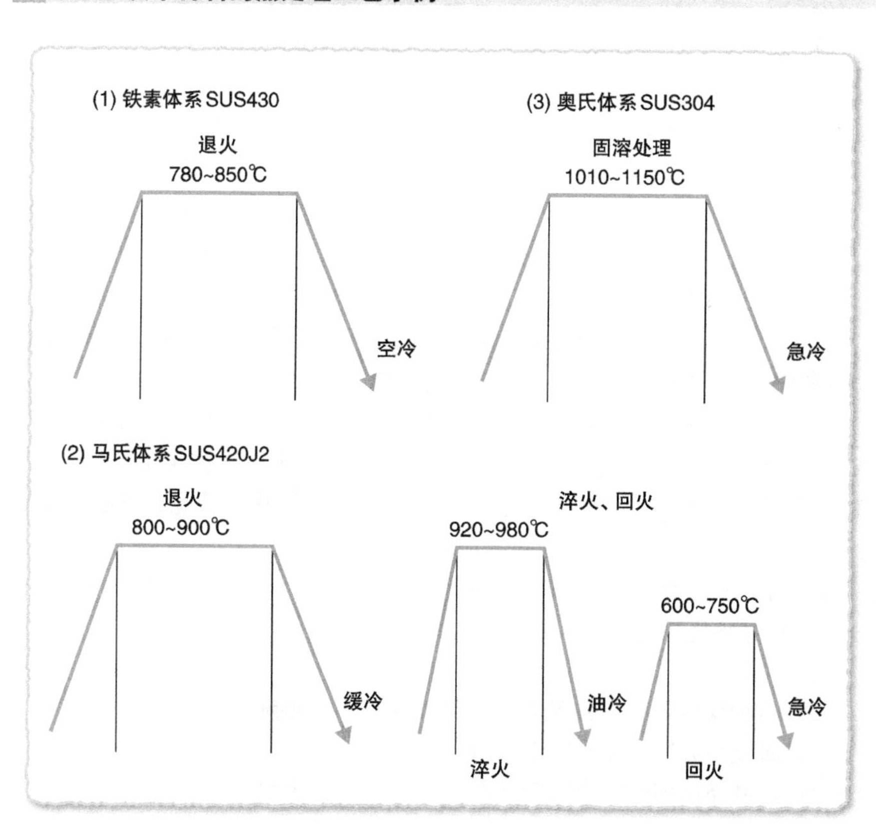

用于高速和高精度的轴承钢及其热处理

需要高的耐久性和耐磨性。

轴承钢是碳的质量分数为 0.95% ~ 1.10%，铬的质量分数为 0.90% ~ 1.60% 的高碳合金钢。

还添加了 Mn 和 Mo

滚动轴承，如球轴承和滚子轴承，要承受高速的重复性载荷。为了承受这样的载荷，滚动轴承必须具有高硬度、高屈服强度和高韧性，时效尺寸变化小（使用多年后仍有很高的精度），并且不会因滚动疲劳而造成表面剥离。换句话说，它必须有很高的耐久性和耐磨性。

用于滚动轴承的钢称为轴承钢，是一种高碳钢，碳的质量分数为 0.95% ~ 1.10%，铬的质量分数为 0.90% ~ 1.60 %。

一些大型轴承零件（如大直径轴承圈）的材料含有质量分数约为 1% 的锰，以提高淬透性，而其他材料另外添加少量的钼，可进一步提高淬透性。

轴承的质量取决于其材料的质量，并对机器本身的寿命有重大影响。

为了达到较高的精度，有必要使用几乎没有磨削缺陷或非金属夹杂物的洁净钢，这些钢（脱氧钢）大多是通过使用真空脱气技术进行脱氧和脱气而生产的。

如上所述，轴承钢也是高碳钢，并且因为含有铬，在组织中析出了铬碳化物。特别是在碳的质量分数超过 0.9% 的钢中，碳化物在晶界处以网络形式析出，这可能导致淬火时产生变形和开裂。为了防止这种情况，并提高耐磨性，一般在 900℃左右对钢进行正火处理，作为球化退火的预备热处理，使其组织成为珠光体和渗碳体。随后进行淬火和回火处理，以产生具有均匀分布的微细球状铬碳化物的组织，如下页 [2] 中图所示。

- **轴承钢需要具有高耐久性和耐磨性。**
- **脱氧和脱气的钢被广泛使用。**
- **热处理时须防止变形和开裂。**

[1] 主要高碳铬轴承钢的化学成分（JIS G4805）

钢种 (JIS牌号)		SUJ2	SUJ3
Fe以外的主要化学成分(质量分数，%)	C	1.0	1.0
	Si	0.3	0.6
	Mn	0.5以下	1.0
	Cr	1.5	1.0
	Mo	—	—

※主要化学成分为中位值。

[2] SUJ2 的球化退火组织

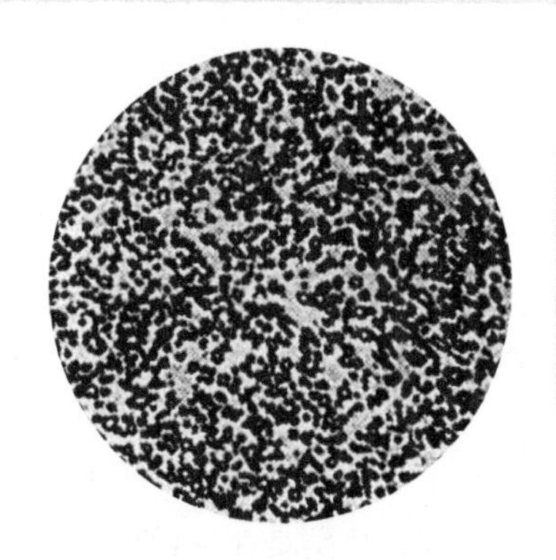

进行球化退火处理，形成具有均匀分布的微细球状铬碳化物的组织(微细粒子是渗碳体，基体是铁素体)。

[3] 轴承钢的应用示例

滚动轴承

电动轴

曲轴

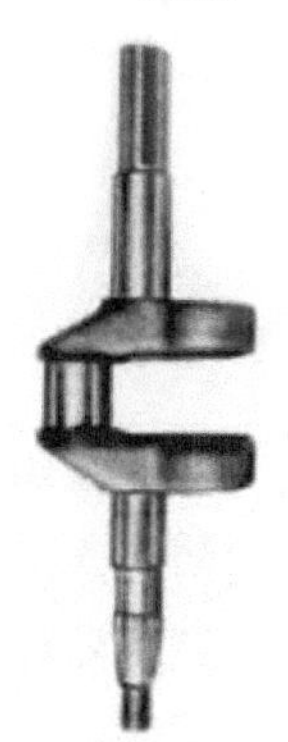

其他滑动轴承等

与其他钢种相比，轴承钢是一种特别重要的钢种，JIS 对精炼方法、清洁度等有详细规定。同时，轴承钢又是廉价的高碳低合金钢，主要合金元素是 Cr。

它是最难硬化的材料之一，因为在组织中分散着（$(Fe,Cr)_3C$）的微细粒子。

球化退火是轴承钢材料重要的预备热处理工艺，其目的是：①提供均匀的球状碳化物；②降低硬度；③获得良好的可加工性。

下页 [1] 所示为 SUJ1 ~ 5 的球化退火热处理工艺。在退火过程中，材料被加热并保持在 780 ~ 800℃，然后被强制空冷。这减少了网状碳化物的形成。对于球化退火，材料被加热到 760 ~ 810℃，保温时间按每 ϕ25mm（JIS 标准尺寸）约 2h 换算，保温后慢慢冷却到 500 ~ 600℃，最后空冷。这使碳化物得到微细化处理。这个过程中的球化程度决定了随后的淬透性和轴承特性。

下一个阶段是淬火和回火。淬火的关键是确保碳化物不会过度溶解到奥氏体中，并且加热温度要设置在 A_1 线以上。

有时也进行深冷处理

下页 [2] 所示为 SUJ1 ~ 5 的淬火和回火工艺。

淬火是在 790 ~ 830℃下进行的，保温时间按每 ϕ25mm 约 2h 换算。油淬的淬火温度一般为 800 ~ 830℃，水淬的淬火温度一般为 790 ~ 820℃。回火是在 130 ~ 180℃的低温下进行的。

碳、铬的质量分数分别为 0.95% ~ 1.10%、0.90% ~ 1.60% 的轴承钢往往有残留奥氏体，可按下页 [3] 所示进行深冷处理。特别是在油淬的情况下，应注意油的选择、油浴的搅拌方法和工件的放置方法，因为工件壁厚的增加会导致淬透性差和硬度的变化。

应避免加热到 880℃以上，因为这将导致所有的碳化物溶入基体，形成粗大的马氏体和残留奥氏体，从而形成粗大的组织。

- **炼制方法、清洁度等比其他钢种规定得更详细。**
- **最难硬化的材料之一。**
- **有时也进行深冷处理。**

[1] 轴承钢的球化退火热处理工艺示例

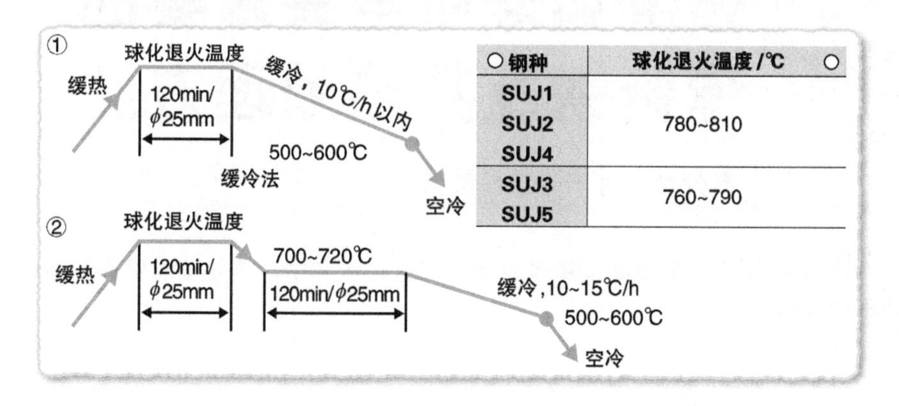

钢种	球化退火温度/℃
SUJ1 SUJ2 SUJ4	780~810
SUJ3 SUJ5	760~790

[2] 轴承钢的淬火和回火工艺示例

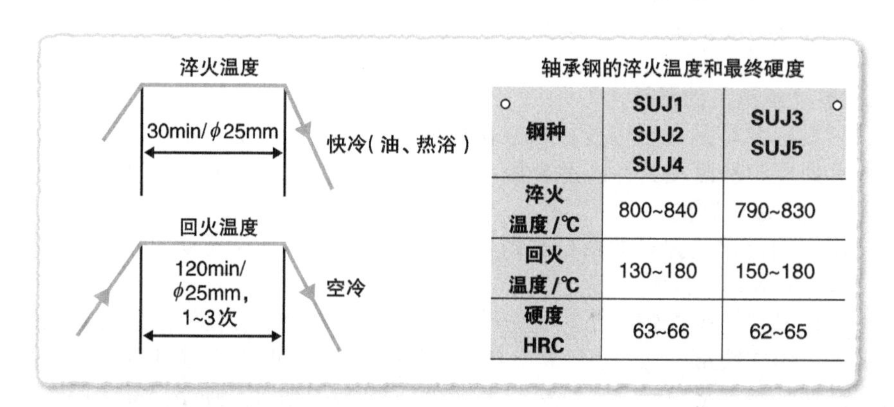

轴承钢的淬火温度和最终硬度

钢种	SUJ1 SUJ2 SUJ4	SUJ3 SUJ5
淬火温度/℃	800~840	790~830
回火温度/℃	130~180	150~180
硬度HRC	63~66	62~65

[3] 轴承钢的深冷处理工艺示例

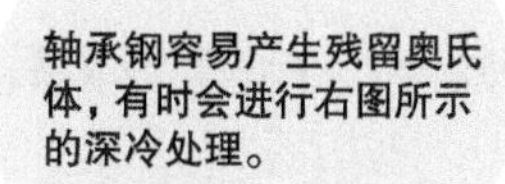

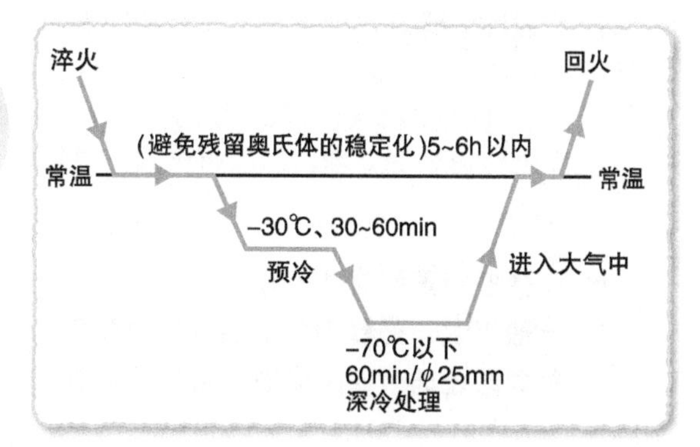

强度和寿命至关重要的弹簧钢及其热处理方法

高弹性，可承受反复载荷。

弹簧钢用于汽车弹簧和其他应用，在这些应用中，热处理能使弹簧的最佳性能得到体现。

热成形弹簧和冷成形弹簧

当载荷施加在金属上时，它就会变形，但当载荷被移除时，它又会恢复到原来的状态，这种特性称为弹性。弹簧就是利用了这种弹性。

用于弹簧的材料主要是那些具有高弹性极限（高弹性）和高疲劳极限（高抗重复载荷）的材料。

热成形弹簧是通过将板材和棒材热加工成弹簧的形状，然后进行淬火和回火热处理，从而使其性能适合做弹簧；而冷成形弹簧是材料在热加工和热处理后加工成弹簧的。

用于制造这些弹簧的钢材必须具有高弹性，能够承受反复的载荷，如振动，即具有高弹性极限和高疲劳极限。

一般来说，弹簧钢是指热成形弹簧。具有高弹性和抗疲劳性的高碳钢弹簧被大量用作铁路车辆的层弹簧。JIS 中的 SUP6、SUP7 进一步添加了硅，高硅和高锰钢被广泛用于汽车弹簧。JIS 中的 SUP12，通过添加铬提高了淬透性和韧性，用于冲击和加热的特殊场合。

热成形弹簧在制造过程中容易出现表面脱碳（钢表面碳含量减少），这可能导致疲劳强度下降。热处理后，采用喷丸法（一种将直径小于 2mm 的钢丸高速撞击钢表面进行表面加工的工艺）进行改善。

冷加工弹簧钢包括硬钢线、钢琴线、不锈钢线等。在弹簧成形后，于 200～400℃进行退火热处理，以改善弹簧的性能。

- **高弹性极限和高疲劳极限。**
- **一般来说，弹簧钢是指热成形的弹簧。**
- **需要防止因表面脱碳而导致的疲劳强度降低。**

主要的弹簧钢

主要钢种(JIS牌号)		SUP6	SUP7	SUP9
Fe以外的主要化学成分(质量分数，%)	C	0.60	0.60	0.60
	Si	1.60	2.0	0.3
	Mn	0.90	0.90	0.8
	Cr	—	—	0.8
	V	—	—	—
	B	—	—	—
	Mo	—	—	—
弹簧钢的应用示例		大型螺旋弹簧 板弹簧 碟形弹簧 其他 压缩螺旋弹簧 拉伸螺旋弹簧 扭杆 锥形弹簧 涡形弹簧 等		

※主要化学成分为中位数。

用于弹簧的钢一般称为弹簧钢。弹簧利用弹性，所以使用高弹性极限（弹性大）、高疲劳极限的材料。

大多在最终工序

根据所使用的材料和使用目的，弹簧要进行热处理。其目的是使弹簧具有高弹性、抗疲劳性和足够的韧性，以承受冲击和振动。

根据所使用的材料和使用目的，弹簧的加工方式分为热加工和冷加工。在大多数情况下，热处理工序安排在生产的最后阶段。热处理引起的变形、脱碳、表面粗糙等对弹簧的疲劳强度有很大影响，所以在热处理过程中要非常小心。

当合金钢弹簧进行热加工时，可利用热加工的温度进行淬火，但高温容易造成晶粒粗化，根据需要冷却后再加热到淬火温度进行热处理。

大型弹簧和盘簧需要低质量效应和高淬透性，因此使用 Si-Mn、Mn-Cr 和 Cr-V 合金钢。

为了获得抗疲劳性和抗冲击性，弹簧在高温下进行淬火和回火，组织由细珠光体（索氏体）组成。一般来说，硬度在 47HRC 以下，疲劳强度与硬度成正比，对于冷成形弹簧来说，硬度通常为 45 ~ 48HRC。由钢琴线或硬钢线制成的小型弹簧要经过一种叫作派登脱处理的热处理，这是一种盐浴淬火，可以将组织转变为微细的珠光体，然后在室温下进行加工。经派登脱处理后的弹簧比回火弹簧有更好的韧性和伸长率。

对于钢琴线弹簧，在拉丝工艺之前进行退火或派登脱处理。退火后拉丝，因为抗拉强度低，一般成形后再淬火。另一方面，派登脱处理后拉丝，因为此时具有足够的抗拉强度，在成形后要在 300℃左右的温度下进行去应力退火。

冷成形弹簧也要经过 200 ~ 400℃的低温回火处理，以消除成形后的内应力。

- **提供具有弹性、疲劳强度和适度韧性的弹簧。**
- **根据所用材料和使用目的选择热处理方法。**
- **需要注意不要降低弹簧的疲劳强度。**

[1] 弹簧钢的成形和热处理方法

毛坯形状	毛坯加工	热处理	成形	热处理
板	热轧	—	热加工	淬火、回火等
	冷轧	—	冷加工	淬火、回火等
		淬火、回火	冷加工	低温退火
棒	拉拔	—	热加工	淬火、回火等
	热轧	—	热加工	淬火、回火等
线	热轧、拉丝	—	冷加工	低温退火
		淬火、回火	冷加工	低温退火
		固溶处理	冷加工	时效处理

[2] 弹簧钢（SUP6）的热处理工艺示例

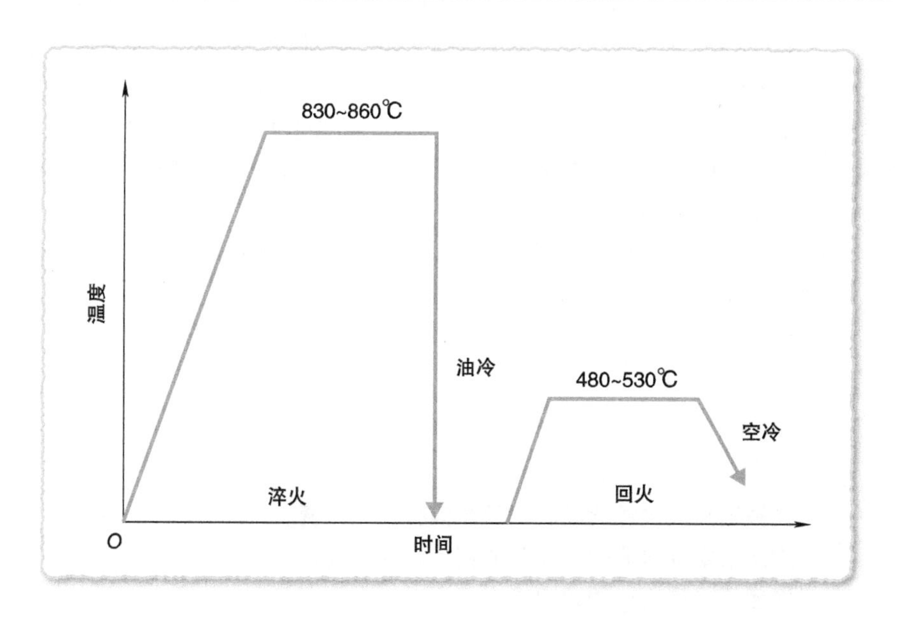

47 铸钢及其热处理

用热处理改善组织粗化和树枝状组织。

铸钢适用于复杂形状、难以通过锻造或机械加工生产的大型产品，以及大批量生产。

大型铸钢产品的情况如何？

对于形状复杂、尺寸大、难以通过锻造或机械加工制造的产品，以及大量生产的情况，用铸钢来制造相对比较经济。铸钢可用于船用发动机壳体、锚、大型齿轮、铁路车辆的大型车轮、发电机的回转器等。合金钢铸件包括用于机械结构零件的低合金钢铸件，用于特殊目的的不锈钢铸件，如高温强度、耐蚀性和抗氧化能力要求高的铸件，以及耐热钢铸件。

特别是大型铸钢产品，由于凝固后冷却速度慢导致组织粗大，在铸造过程中产生树枝状组织、偏析（成分分布不均匀）和内应力。为了改善这些问题，可采用退火、正火或正火后再回火等热处理。铸造后，通过加热到1100 ~ 1150℃进行扩散（均匀化）退火，以消除树枝状组织和扩散偏析。退火过程（在870 ~ 900℃短时间保温，然后在空气中冷却）用于细化晶粒和规范组织。对于合金钢铸件，采用调质（在550 ~ 600℃回火）去除冷却时的应变和析出微细碳化物来提高耐磨性和韧性。对于焊接结构的铸钢，在焊接后进行低温退火以消除内应力。

奥氏体不锈钢和高锰钢要进行固溶处理（加热到1050℃或更高并快速冷却），以防止晶界腐蚀，如下页 [3] 所示。

- **扩散退火以消除树枝状组织和偏析。**
- **广泛应用经过脱碳和脱气的钢。**
- **焊后低温退火以消除内应力。**

[1] 铸钢组织示例

普通铸造(保持在铸造后的状态)组织
[例：w(C)=0.23%，w(Mn)=0.66%]

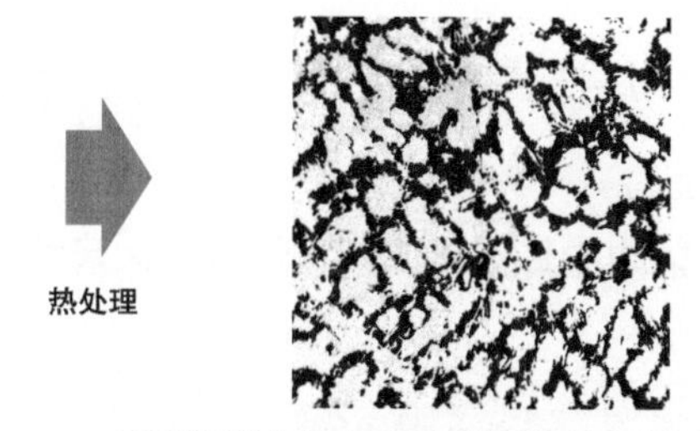

普通铸造(保持在球化退火后的状态)组织
[例：w(C)=0.23%，w(Mn)=0.66%。900℃保温2h退火]

白色是铁素体，黑色是珠光体。铁素体呈网状析出，导致力学性能降低。

网状或针状的铁素体消失，接近标准组织。

[2] 两段退火的热处理工艺示例

右侧的例子是[1]的退火工艺。

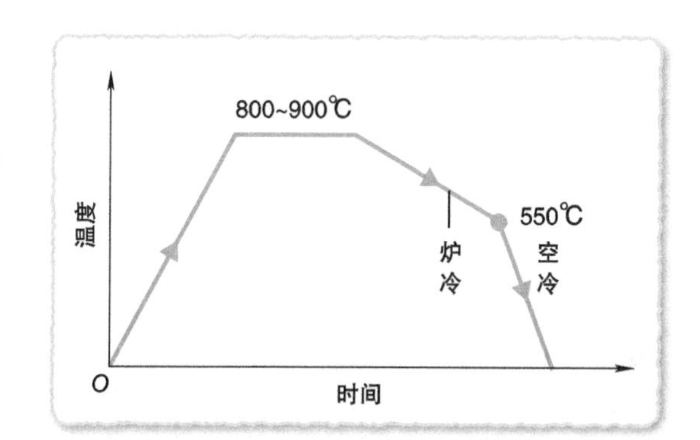

[3] 合金铸钢（高锰铸钢）的热处理（※ 水韧）工艺示例

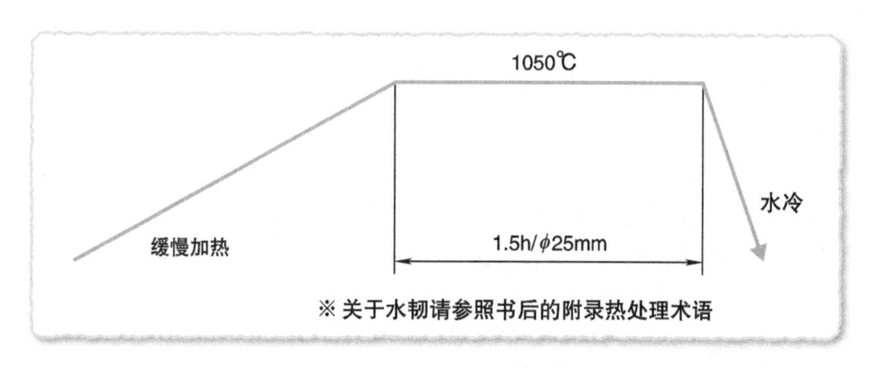

※ 关于水韧请参照书后的附录热处理术语

铸铁及其热处理

提高抗拉强度、伸长率、抗冲击性等。

铸铁的力学性能不如钢，但对于大尺寸和复杂形状的产品，采用铸铁更经济。

球墨铸铁改善了力学性能

铸铁的碳和硅含量比钢高，虽然它的力学性能不如钢，但它的熔点较低，铸造性较好，对于大型或复杂的形状来说，用它来制造更经济。

灰铸铁的组织是在铁素体和珠光体的基体上石墨以片状形式存在。它的应用范围很广，从汽车、机床领域到家用电器领域。

在灰铸铁中，石墨结晶成片状，但如果在铸造时向熔融金属中加入 Mg、Ca、Ce 等，则石墨在铸造后以球状形式结晶于基体中。这使得其力学性能与机械结构用碳钢一样好。这种铸铁称为球墨铸铁。

如下页 [1] 所示，在铸造状态下，铁素体存在于石墨周围，但当冷却速度改变时，基体成为珠光体，强度增加。

铸造后，铸铁的伸长率一般低于 5%，但退火后基体完全变成铁素体，伸长率可高达 10% ~ 20%。铸铁可用于大型的上下水管、建筑柱子的铸铁管和汽车零件。

等温淬火球墨铸铁是在热处理前或加工后将球墨铸铁保持在奥氏体化温度范围内，然后在贝氏体转变温度范围内将其短时间内转移到盐浴炉或类似的炉子里，保温一定时间后冷却到室温得到的。其基体组织是奥氏体和贝氏体。

与传统的球墨铸铁相比，等温淬火球墨铸铁具有优越的性能，如强度、韧性和疲劳强度，可用于各种需要高强度的产品。

- **主要的铸铁是灰铸铁、球墨铸铁和等温淬火球墨铸铁。**
- **与灰铸铁相比，球墨铸铁具有更好的力学性能。**
- **与球墨铸铁相比，等温淬火球墨铸铁具有更好的力学性能。**

[1] 退火处理引起的组织变化

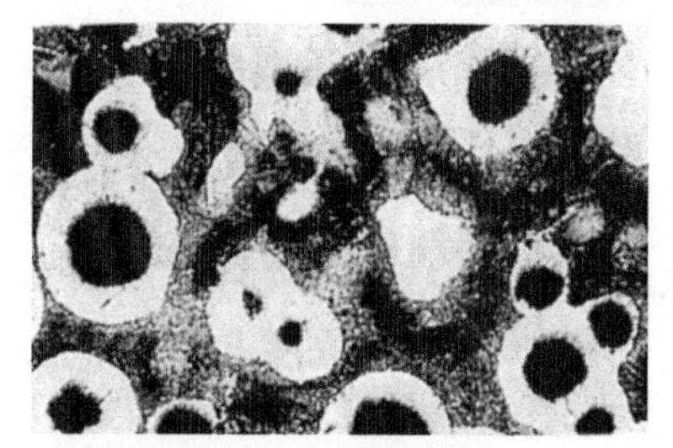

石墨周围的白色组织是铁素体
球墨铸铁(保持在铸造后的状态)组织

退火处理

球墨铸铁的退火组织

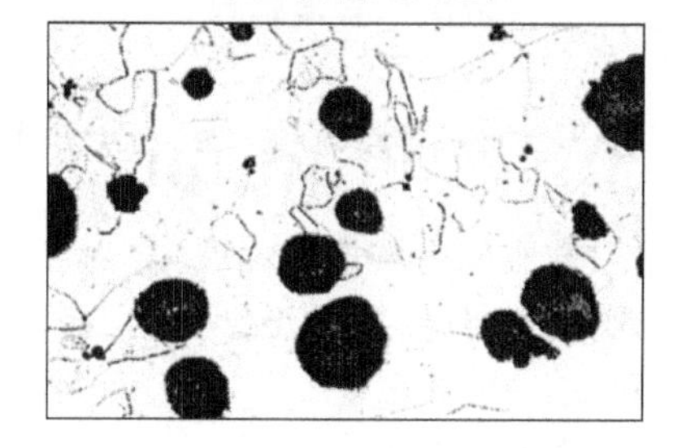

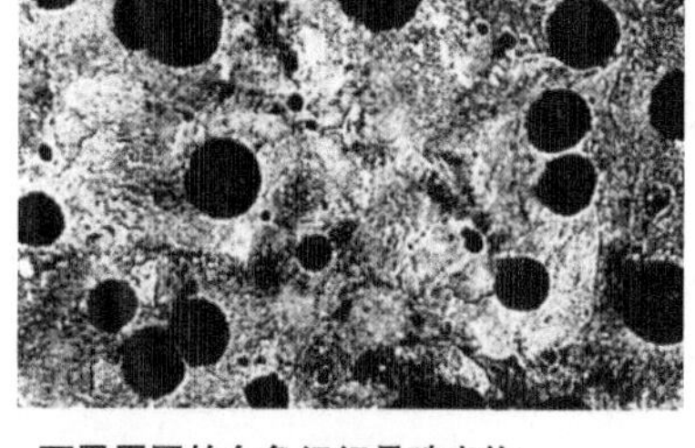

石墨周围的白色组织是珠光体
球墨铸铁(保持在铸造后的状态)组织

石墨周围组织为铁素体，
伸长率得到提高。

[2] 球墨铸铁和等温淬火球墨铸铁的力学性能

球墨铸铁(供试验用材，JIS G5502：2012)

种类记号	抗拉强度 /MPa	条件屈服强度 /MPa	伸长率 (%)	硬度(参考) HBW	主要基体组织
FCD 400-18	400以上	250以上	19以上	130 ~ 190	铁素体
FCD 500-7	500以上	320以上	7以上	150 ~ 230	铁素体+珠光体
FCD 600-3	600以上	370以上	3以上	170 ~ 270	铁素体+珠光体
FCD 700-2	700以上	420以上	2以上	180 ~ 309	铁素体+珠光体
FCD 800-2	800以上	480以上	2以上	200 ~ 330	珠光体或回火马氏体

等温淬火球墨铸铁(供试验用材，JIS G5503：2012)

种类记号	抗拉强度 /MPa	条件屈服强度 /MPa	伸长率 (%)	硬度(参考) HBW
FCAD 900-4	900以上	600以上	4	—
FCAD 900-8	900以上	600以上	8以上	—
FCAD 1000-5	1000以上	700以上	5以上	—
FCAD 1200-2	1200以上	900以上	2以上	341以上
FCAD 1400-1	1400以上	1000以上	1以上	401以上

49 铝合金及其热处理

铝具有良好的可加工性和导电性。

经常被用作导电材料，有时进行阳极氧化处理，以提高其耐蚀性。

特性得到了发挥，合金也得到了发展

常用的电解铝的纯度为 99.0% ~ 99.9%，密度为铁的 1/3，具有很好的可加工性和导电性，应用广泛。铝和铝合金有时会进行阳极氧化处理（在铝表面形成一层氧化膜），以提高耐蚀性。

有两种类型：用于变形加工的合金，采用塑性加工（轧制、锻造等）成形，以及用于铸造的合金，采用铸造成形。此外，有些是经过时效硬化后使用，而有些则是作为机械加工或铸造件使用。用于变形加工的非热处理的 Al-Mn 合金具有良好的耐蚀性和良好的拉伸性能及焊接性。Al-Mg 合金耐腐蚀，可用于建筑外墙和机盖。

Al-Cu-Mg 合金是一种时效硬化合金。JIS A2017 也称为杜拉铝，具有很高的抗拉强度。JIS A2024 减少了 Mn，增加了 Mg，称为超级杜拉铝，具有更高的强度和改进的其他性能。加入了 Zn、Cr 等元素的 JIS A7075，称为超超级杜拉铝，广泛用于飞机、汽车和其他运输设备的结构材料。

用于铸造的 Al-Si 合金也称为硅铝明合金。硅含量降低了合金的熔点，提高了铸造性，更容易成形和压铸，因此该合金被用于汽车零部件和内燃机的气缸等。用于铸造的 Al-Mg 合金是用质量分数大约为 3% 的 Mg 进行固溶强化，具有良好的耐蚀性，常用于船舶零部件、架空线零部件等。

- **电解铝的纯度为 99.0% ~ 99.9%。**
- **有两种类型：用于变形加工和用于铸造。**
- **有些经过时效处理，有些不是。**

[1] 铝合金示例

高强变形铝合金(ϕ12.5mm圆棒)

合金系列		Al–Cu–Mg		Al–Zn–Mg
牌号(JIS)		A2014	A2024	A7075
标准成分(质量分数，%)	Cu	4.4	4.5	1.6
	Mg	0.5	1.5	2.5
	Mn	0.8	0.6	
	Cr			0.3
	Si	0.8		
	Zn			5.6
热处理		常温时效	常温时效	人工时效
抗拉强度/MPa		427	422	574
硬度　HBW		105	120	150

铸造铝合金

		砂型、金属型、壳模			压铸型
合金系列		Al–Cu	Al–Si	Al–Mg	Al–Mg
牌号(JIS)		AC2B	AC3A	AC7A	ADC5
标准成分(质量分数，%)	Cu	3.0	0.25以下	0.10以下	0.2以下
	Mg	0.5以下	0.15以下	4.5	6.0
	Mn	0.5以下	0.35以下	0.15以下	0.3以下
	Cr	0.2以下	0.15以下	0.25以下	—
	Si	6.0	12.0	0.15以下	0.3以下
	Zn	1.5以下	0.3以下	0.15以下	0.1以下

[2] 铝合金的应用示例

喷气式飞机的零部件大量使用铝合金

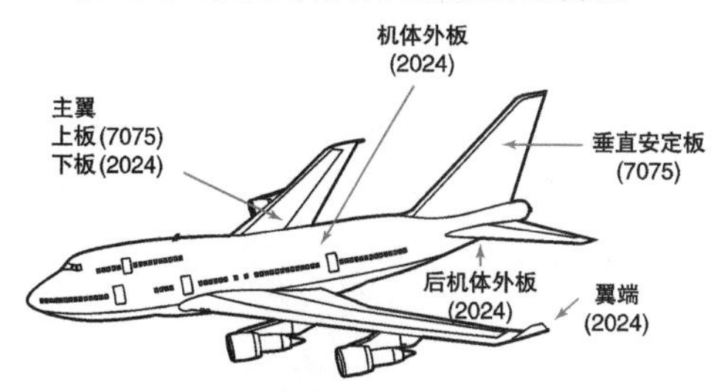

液压缸

[3] 铝的特性

① 元素符号：Al

② 相对原子质量：26.98

③ 熔点：660.37℃

④ 密度：2.698g/cm³

⑤ 晶体结构：面心立方

铝等非铁材料与钢不同，不能利用相变进行热处理，但是能够利用时效硬化。这种时效硬化也应用于钢铁材料，但程度有限。

通过时效硬化热处理改善力学性能

铝合金可以不经热处理使用，如 Al-Mg 合金，也可以经过热处理后使用，如 Al-Cu 或 Al-Zn-Mg 合金。例如 Al-Cu 合金（铜的质量分数为 4.0% 的铝合金），在大约 520℃时，Cu 与 Al 形成均匀的固溶状态（一种合金元素完全溶解在基体金属中的固体），在缓慢冷却时，$CuAl_2$ 从该固溶体中析出。

然而，如果采用快冷，就可以阻止 $CuAl_2$ 的析出，在室温下成为过饱和的固溶体。这种通过从高温快冷（淬火）产生过饱和固溶体的热处理称为固溶处理。如果把过饱和的固溶体放在室温下或在比室温更高的温度下回火，固溶体中多余的铜就会析出为 $CuAl_2$ 并明显硬化。这种热处理称为时效硬化热处理。自然时效是在室温下的时效过程，而人工时效是加热到比室温更高的温度，利用原始的扩散方式回火使铝合金时效硬化的过程。

Al-Cu-Si 合金，在 160℃左右回火后，其抗拉强度达到约 300MPa。

Al-Cu-Mg 合金，也称为杜拉铝，具有优异的力学性能，抗拉强度高达 480MPa。超级杜拉铝是一种添加了少量 Mg 以增加强度的硬铝合金，抗拉强度最高达到 520MPa。Al-Zn-Mg 合金、Al-Cu-Mg 合金都常用于制作飞机零部件。

Al-Zn-Mg 合金非常硬，但容易产生应力开裂。然而，如果加入适量的 Cr 和 Mn，可以减少这种缺陷。这就是所谓的超超级杜拉铝。

- **相变热处理无效。**
- **一些金属可以进行时效硬化。**
- **自然时效和人工时效。**

[1] 主要铝合金铸件的热处理方法和特点

种类	牌号(JIS)	状态	固溶处理	时效处理	合金的特点	用途
Al-Cu-Si系	AC2B	铸造 回火	— 约500℃水冷	 约175℃保温16h	•铸造性好 •气密性好，可焊接	泵本体、气缸盖
Al-Si系	AC3A	铸造	—	—	•铸造性尤其好 •可焊接	器皿盖、幕墙等，薄壁复杂形状的零件
Al-Mg系	AC7A	铸造 回火	—	—	•耐腐蚀，有韧性	办公室用品、船舶部件、架空线五金件
Al-Cu-Si-Ni-Mg系	AC8A	铸造 回火 调质	— — 约500℃水冷	— 约175℃保温16h 约170℃保温16h	具有一定强度、耐热性、耐磨性，热膨胀小	活塞、滑轮、轴承

[2] 时效硬化热处理中的热处理工艺示例

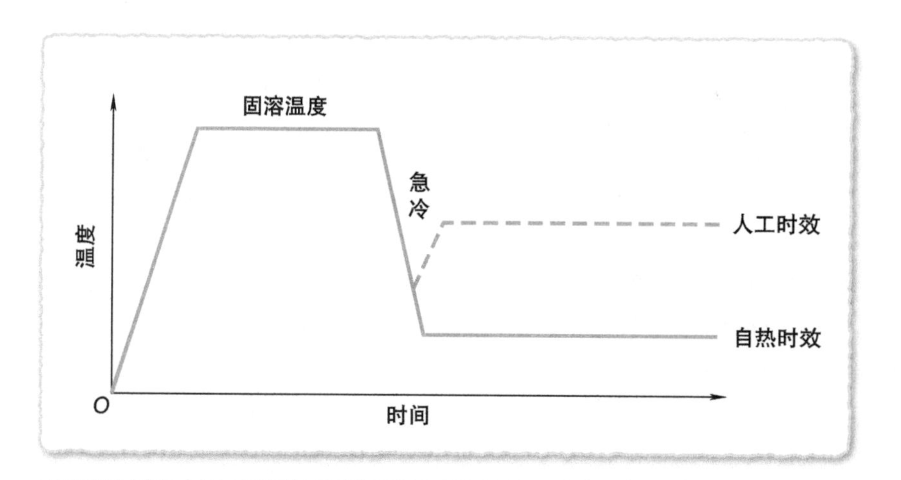

在高温下完全溶解的元素(固溶体)在缓慢冷却时，将在固溶极限处结晶，如果快速冷却则不会结晶。然而，如果将材料放在室温下或在低温下加热，就会形成细小的晶体，力学性能得到改善。这称为时效硬化，前者称为自然时效，后者称为人工时效。

50 铜合金及其热处理

铜合金具有优良的导热性和导电性，并且容易进行冷加工。

铜合金被用作传热和耐腐蚀材料，包括黄铜、青铜和磷铜等各种合金。

铝黄铜也可用于化工零部件

铜是一种高导热性的金属，可以很容易地进行冷加工，用于传热和防腐蚀。

铜和锌的合金称为黄铜。黄铜的主要类型是锌的质量分数为 5% ~ 20% 的褐铜，30% 的七三黄铜，以及 64% 的六四黄铜，见下页 [1]。

褐铜颜色金黄，易于加工，耐腐蚀，用于建筑和家具的装饰部分。七三黄铜适合拉伸，具有高伸长率和高抗拉强度，可进行深拉等冷加工。六四黄铜具有优良的力学性能，在高温下容易变形，因此适合热加工，可用于船舶螺旋桨轴和泵轴。此外，还有一种铝黄铜，它是通过添加质量分数为 2% 的铝以及铁、锰、镍等来提高黄铜的强度、耐蚀性和耐磨性的，也称为高强度黄铜，应用于各种机械零部件、化工零部件。铜和锡的合金称为青铜，它具有良好的铸造性、可加工性和耐蚀性，经常用作铸造材料；其耐压性、耐磨性好，也广泛应用于船舶的排水泵、阀和轴承等。

磷青铜是一种加入了磷作为脱氧剂的青铜，以防止青铜在接触空气时形成脆性的氧化铜。其耐蚀性、耐磨性好，应用于水中泵的轴承、套筒、推进器等。

含有质量分数为 10% 的锡和 2% 的锌的青铜也称为炮铜，它具有优良的铸造性、高抗拉强度和伸长率、优良的耐蚀性和耐磨性，用于一般机械零件，如轴承、齿轮和阀门。

- **褐铜的颜色是金色的，易于加工，而且耐腐蚀。**
- **青铜经常被用作铸造材料。**
- **添加了磷的磷青铜，抑制了青铜的氧化。**

[1] 主要黄铜板的化学成分和性能

主要黄铜板的化学成分和力学性能
(板厚为1~30mm，经过退火)

种类	JIS牌号	化学成分(质量分数，%)		抗拉强度/MPa	伸长率(%)
		Cu	Zn		
七三黄铜	C2600	68.5~71.5	余量	275以上	40以上
六四黄铜	C2601	59.0~62.0	余量	325以上	40以上

[2] Cu-Zn 系列合金的力学性能

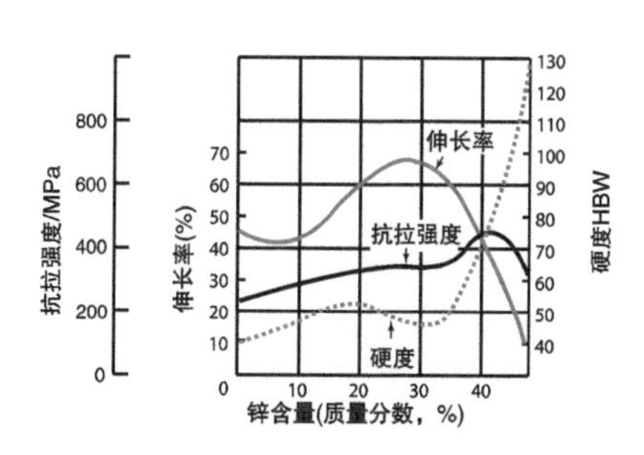

[3] 铜的特性

① 元素符号：Cu

② 相对原子质量：63.5

③ 熔点：1083.4℃

④ 密度：8.96g/cm³

⑤ 晶体结构：面心立方

[4] 铜合金的应用示例

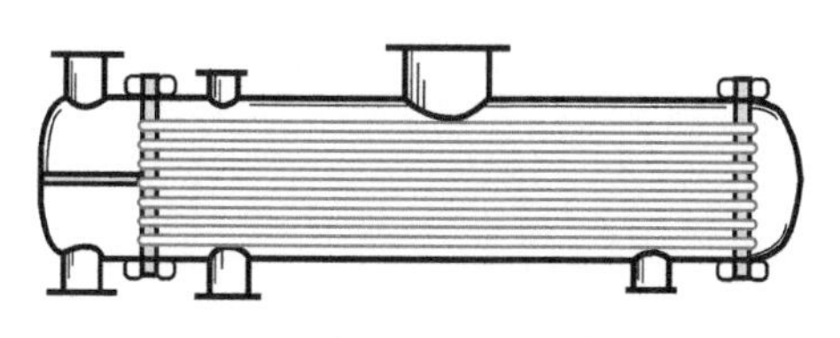

热交换器(黄铜制管)

管道接头(黄铜制阀)

各类铜合金的热处理的目的是：①退火以消除铜合金锭和铸件中的组织偏析或铸造应力；②退火以便于加工工件或软化工件；③低温退火以改善弹性材料的性能；④淬火和回火以析出硬化改善材料的力学性能和其他性能。

铜锌合金包括七三黄铜和六四黄铜，前者具有较高的伸长率和强度，可以进行冷加工，适合拉深。而后者的伸长率低，但抗拉强度好，在高温下容易变形，因此适合热加工，可用于铸造，是使用最广泛的黄铜。

冷加工黄铜管和棒在使用或储存期间可能会出现轴向裂纹（延时开裂）。这是由于冷加工过程中内部产生的残余弹性应力造成的，在棒材和管材等拉深产品中尤其明显。黄铜也容易出现应力腐蚀开裂，在氨及其他盐类的作用下在晶界出现裂纹后，应力引起裂纹的扩大。为了防止这些缺陷，七三黄铜在加工后立即在 200 ~ 230℃进行低温退火，六四黄铜在加工后立即在 180 ~ 200℃进行低温退火。

Cu-Sn 合金称为青铜，磷用作脱氧剂。当质量分数为 0.5% 的磷留在合金中时，它称为磷青铜。它具有良好的铸造性、可加工性、耐蚀性和优良的力学性能。铸件在 500 ~ 600℃下退火，使其组织均匀，然后进行加工。弹簧材料通过 225 ~ 375℃的低温热处理进行时效硬化，以改善其力学性能。冷加工零部件在 225 ~ 275℃左右的低温下进行退火，以提高其弹性和疲劳极限。

其他铜合金，如 Cu-Be 合金，也称为铍铜，会发生明显的析出硬化。通过在 760 ~ 800℃的固溶处理后，在低温下进行时效处理，可以明显地变硬。在铜合金中，铍铜具有很高的抗拉强度、硬度、疲劳强度，尤其是耐蚀性可与铜相媲美，可应用于轴承和弹簧。

- **低温退火以防止黄铜制品开裂。**
- **用于铸件组织均匀化的退火处理。**
- **低温热处理中的时效硬化可改善弹簧材料的力学性能。**

[1] 青铜铸件（Cu-Sn 合金）的典型组织

柱状晶，黑色组织是Cu和金属间化合物的共晶组织。

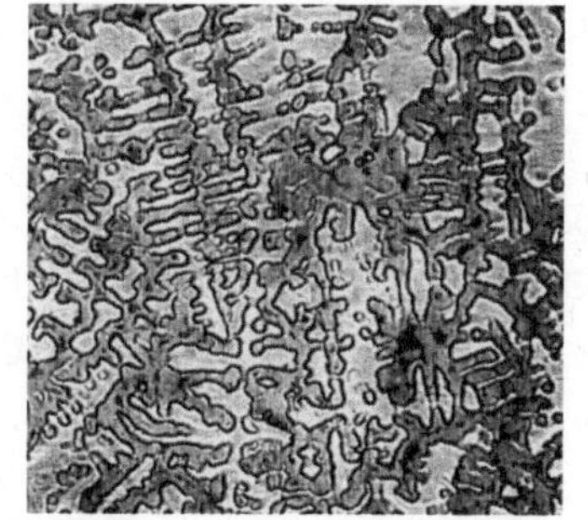

青铜铸件（Cu-Sn合金）的典型组织

[2] 青铜（Cu-Sn 合金）的热处理工艺示例

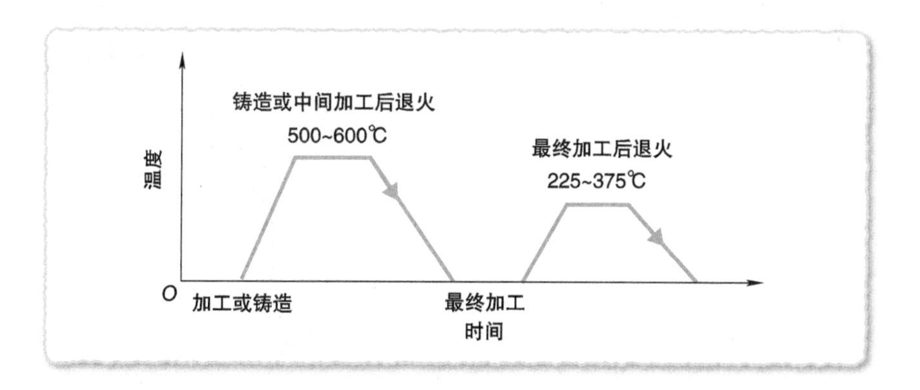

[3] 铍铜（Cu-Be 合金）的热处理工艺示例

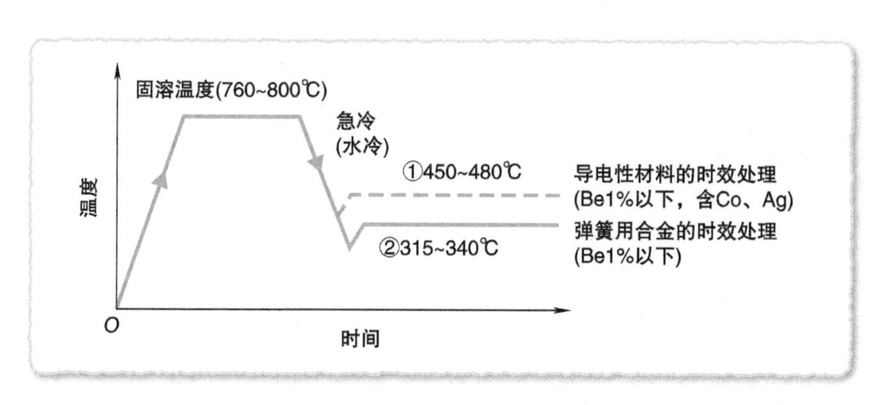

小专栏

印度的阿育王柱——“不生锈的铁柱”

当我降落在印度新德里的机场时，已经是 2 月底了。很热，就是很热。脸也很疼。太阳光线就像粒子打在脸上。我被告知，外面的温度是 46℃。这是我第一次来印度出差。在树荫下感觉很凉爽。明天就要开始工作了，所以我去看了看这个小镇。这里有一座大寺庙，许多人在入口处脱掉鞋子，赤脚走在鹅卵石上。我们也遵循习俗，脱掉鞋子，赤脚行走。但脚底很热，根本无法行走，走了两三步就不得不停下来。我们放弃了参观大殿，尽快离开了寺庙。

下一站是库杜布塔（Qutub Minar），一座印度著名的伊斯兰建筑。这里有一根 1500 年前建造的铁柱，叫作“阿育王柱”。据说它重约 6t，高约 9m（在地面 7m），直径为 440cm，是阿育王为祈祷和平而建造的。

印度在大约公元前 1000 年就开始使用铁，并在公元前 500 年就开始生产乌兹钢，其钢铁生产方法在今天的炼钢中仍有体现。

这根铁柱子骄傲地矗立在中央庭园里。我们第一次去的时候，没有围墙，但两年后再去时，有了围墙。因为是暴露在烈日和季风下，我原来以为铁柱子会发红、生锈、破烂不堪，但它表面是黑色的、有光泽的，没有一丝锈迹。它也非常烫。

但为什么它不生锈呢？据说这是因为铁柱是纯度为 99.72% 的高纯铁，当铁柱在高温下被锻造时，杂质磷析出到表面并形成铁磷膜。不锈钢之所以能防锈，是因为钢中的铬与氧气结合，在材料表面形成一层抗氧化膜，阿育王柱与不锈钢防锈的原因相似。

如今，它仍然矗立在烈日之下。

表面硬化和改性处理

在第 4 章中，介绍了一般的热处理方法。这之外还有一些热处理技术，不影响材料的内部，而只是提高靠近表面的硬度和性能。这类方法称为表面硬化和改性处理。

本章介绍表面硬化和改性处理的类型、目的、机制和效果。

51 表面硬化处理的分类

一种使表面硬化而内部保持韧性的方法。

表面硬化可分为两种主要方法，这两种方法都能提高疲劳强度，延长零件使用寿命。

氮碳共渗还能提高耐蚀性

正如第 3 章所介绍的，退火和正火用来规范钢铁材料的组织，而调质用来赋予材料强韧性。然而，对于某些机械零件来说，如果表面的硬度与内部的硬度几乎相同，就有可能在受到巨大的力或冲击时，这个力或冲击直接从表面传到内部，导致零件失效。表面硬化是一种使表面变硬而内部保持韧性的方法，这样施加在表面的能量被内部吸收，使它更难被破损的同时还能提高耐磨性。

这可以通过两种方式实现：①通过加热到 A_1 线以上后，进行伴随相变的淬火；②通过加热到 A_1 线以下，并在没有相变的情况下进行冷却，使表面硬化。

第一种方法，例如高频感应淬火只对必要的部分进行加热和淬火，使其表面硬化，而内部保持韧性。此外，对于低碳含量的钢（用于渗碳处理），仅对表面区域进行渗碳处理后，经过淬火得到渗碳区域硬度高，未渗碳的内部硬度低的硬度分布，从而保持整体的强韧性。这就是渗碳淬火。

第二种方法，其中包括渗氮和氮碳共渗，钢件被加热到 A_1 线以下，N 或 N 和 C 从表面渗透和扩散，在表面形成坚硬的氮化物和碳氮化物，在不经过相变的情况下得到硬化层。

这两种方法都能提高零件的耐磨性和疲劳强度，延长其使用寿命。氮碳共渗还能提高耐蚀性。使用哪种表面硬化方法是根据所使用零件的材料和所要求的性能来选择的。下页的表格显示了热处理和表面硬化方法的分类。

- **渗碳淬火伴随相变。**
- **渗氮和氮碳共渗是不伴随相变的硬化方法。**
- **表面硬化方法根据材料和所需的性能来选择。**

热处理的分类

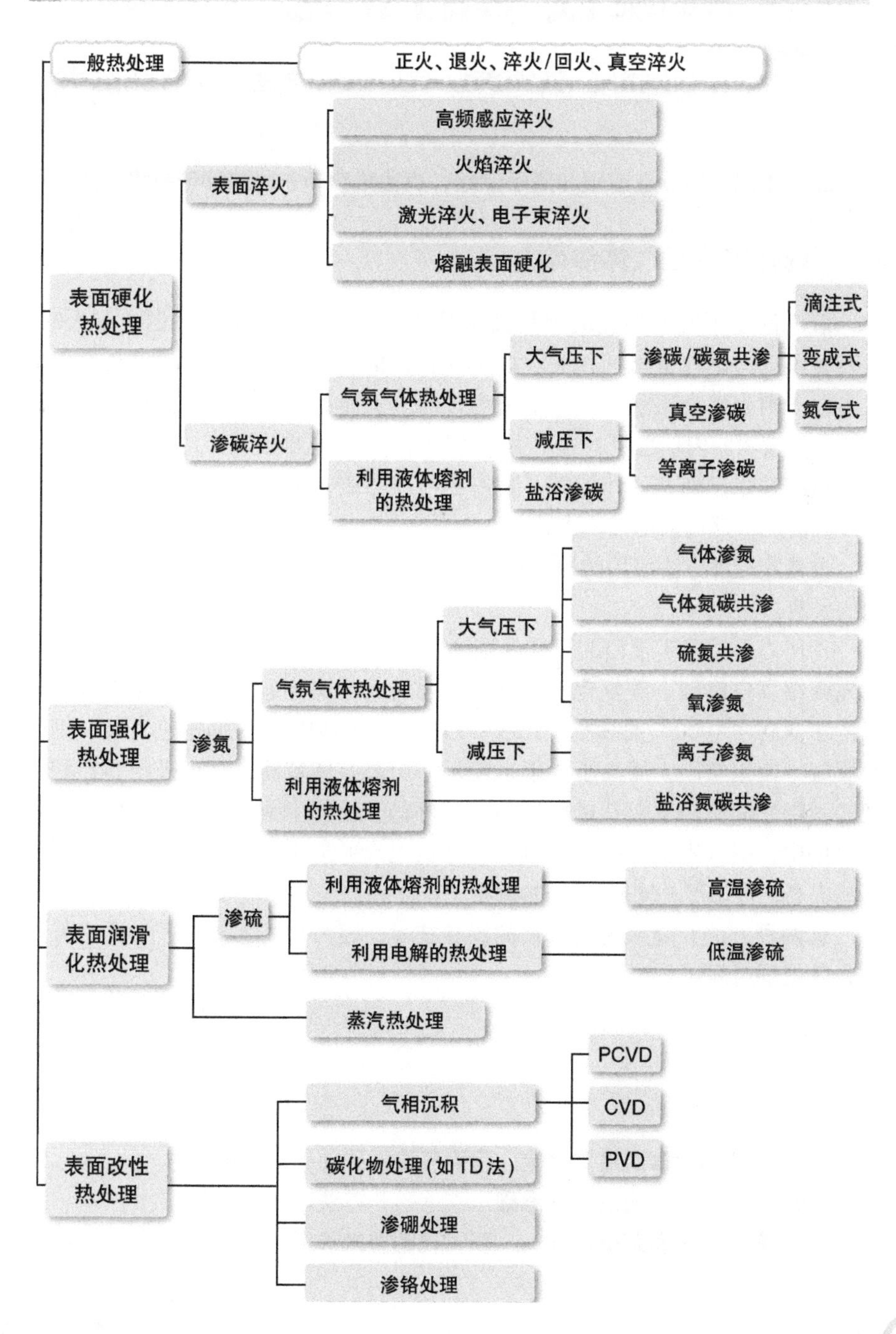

一般热处理
正火、退火、淬火/回火、真空淬火
表面硬化热处理
表面淬火
高频感应淬火
火焰淬火
激光淬火、电子束淬火
熔融表面硬化
渗碳淬火
气氛气体热处理
大气压下
渗碳/碳氮共渗
滴注式
变成式
氮气式
减压下
真空渗碳
等离子渗碳
利用液体熔剂的热处理
盐浴渗碳
表面强化热处理
渗氮
气氛气体热处理
大气压下
气体渗氮
气体氮碳共渗
硫氮共渗
氧渗氮
减压下
离子渗氮
利用液体熔剂的热处理
盐浴氮碳共渗
表面润滑化热处理
渗硫
利用液体熔剂的热处理
高温渗硫
利用电解的热处理
低温渗硫
蒸汽热处理
表面改性热处理
气相沉积
PCVD
CVD
PVD
碳化物处理(如TD法)
渗硼处理
渗铬处理

渗碳技术的变化

从固体渗碳→液体渗碳→气体渗碳，到进一步开发新技术。

近些年推出的真空渗碳和离子渗碳，有望成为新一代的渗碳技术。

现在主要是气体渗碳

最广泛使用的钢的表面硬化技术是渗碳。前面已经提到，钢在淬火时，其表面硬度与碳含量密切相关。如果低碳含量的渗碳钢在淬火时只在表面附近渗碳，则表面会很硬，而内部硬度较低。例如，如果在表面上施加一个很高的力，较软的内部会吸收这个力，这样就不太可能断裂。

渗碳技术已经从固体渗碳，发展到液体渗碳，再发展到气体渗碳，现在大多数情况下都是采用气体渗碳。

虽然这三种方法使用的原材料和设备不同，但渗碳的原理都是 CO 气体与钢的反应。

相比之下，近年推出的真空渗碳和离子渗碳与前三者在原理上有所不同。首先介绍真空渗碳，碳氢化合物气体（丙烷、乙炔等）被间歇性地引入一个保持在 900 ～ 1000℃的真空（1.33 ～ 13.3hpa）的炉中。在那里它直接与钢发生反应，使钢渗碳。而离子渗碳也使用一个真空的容器，在正极的容器和负极的工件之间施加几百伏的电压后，工件的表面产生紫色的辉光放电。在这种放电中，引入容器的碳氢化合物气体被电离并撞击到工件的表面，利用撞击能提高工件温度并同时使工件渗碳。

这两种方法有望成为新一代的渗碳技术，因为它们①节能；②无 CO_2 排放；③处理时间短。

- **从固体渗碳到液体渗碳，再到气体渗碳的技术发展。**
- **如今，大多使用气体渗碳。**
- **真空渗碳和离子渗碳——新一代的技术。**

[1] 各种渗碳技术的比较

渗碳技术	原料	原理
固体渗碳	木炭+促进剂	$2CO + [Fe]\gamma \rightarrow [Fe\text{–}C]\gamma + CO_2$ 布多阿尔 (Boudouard) 反应
液体渗碳	NaCN+NaCl	
气体渗碳	吸热式发生气体(RX气体)	
	滴注式	
真空渗碳	碳氢化合物气体	减压下碳氢化合物气体与工件表面直接反应
离子渗碳	碳氢化合物气体	通过碳氢化合物气体的离子化使碳渗入和扩散

[2] 渗碳技术的变迁（在日本）

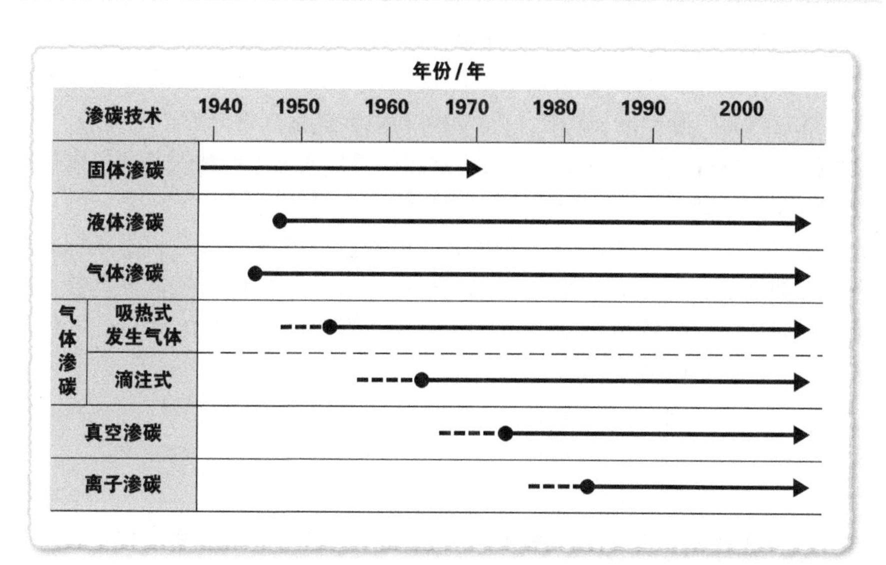

根据目的控制气氛

一个重要的管理技术，以防止脱碳、渗碳或渗氮差异等。

热处理气氛包括惰性气体、氧化气体、还原气体、渗碳气体、渗氮气体、碳氮共渗气体等。

主要有这几种控制气氛的方法

（1）气体渗碳　①红外线分析法：通过分析控制渗碳产生的CO_2，控制渗碳时工件的表面碳含量。CO_2、CO、CH_4和NH_3气体吸收红外能量。利用红外能量的多少随气氛中的CO_2浓度而变化的原理，使用CO_2-CP（表面碳含量）- 温度的图，控制需要添入载气的富气的量。准确度为 ±0.5%，可以进行校准，但设备很贵。②炉内气氛传感器：炉内气氛传感器的原理见下页 [1]。通过炉内氧气传感器检测气氛中的少量氧气（10^{-24}% ~ 10^{-20}%）。该传感器类似于热电偶，被插入炉内。炉内气氛与传感器内的标准气体（空气）之间产生的电动势由仪器中的计算机计算，并用于控制 CP。这个系统有很好的反应性，成本比①要低一点，但它不能校准。

（2）真空渗碳　真空渗碳是通过碳氢化合物气体和钢之间的直接反应进行的。真空渗碳传感器的原理见下页 [2]。利用碳氢化合物分解产生的H_2气体的高导热性来分析气氛中H_2的浓度，并控制 CP。该方法的特点是既可以进行炉内分析和也可以进行炉外分析，反应时间快，但是成本高。

（3）气体渗氮　①玻璃器皿残余氨气分析仪：该分析仪是利用氨气易溶于水的性质进行分析的，不但价格低而且操纵方便。②炉内气氛传感器：该系统使用插入炉内的传感器直接分析由NH_3气体分解产生的H_2浓度，并控制氮势（Kn），见下页 [3]。

- **气氛控制：是防止钢铁材料产生缺陷的重要管理技术，如脱碳、渗碳或渗氮差异等。**

[1] 炉内气氛传感器的原理

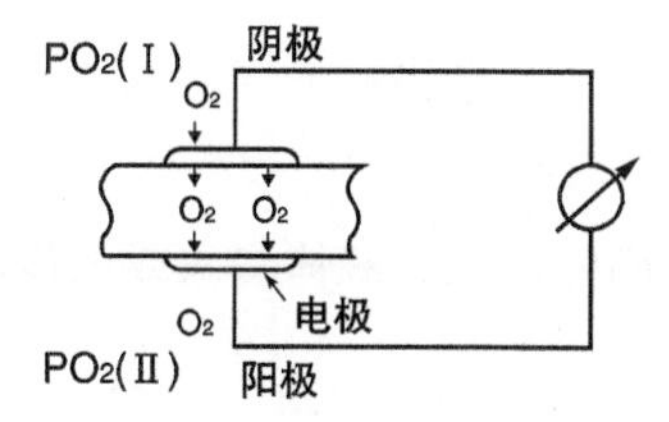

传感器被插入炉内。炉内气氛与传感器内的标准气体(21%氧气的空气)之间产生的电动势由仪器中的计算机计算，并用于控制表面碳含量。

[2] 真空渗碳传感器的原理

各种气体的热导率

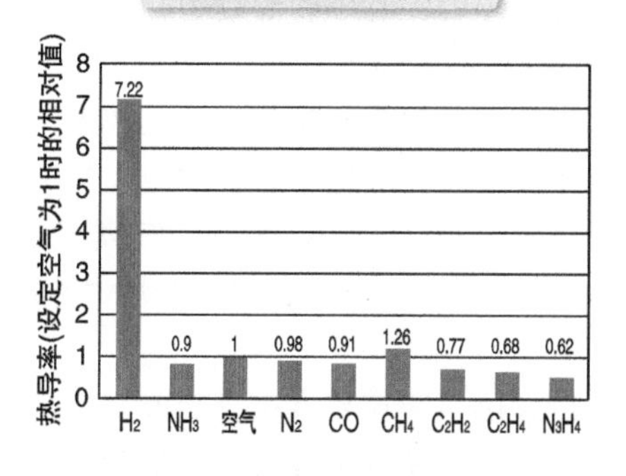

热导率传感器的原理图

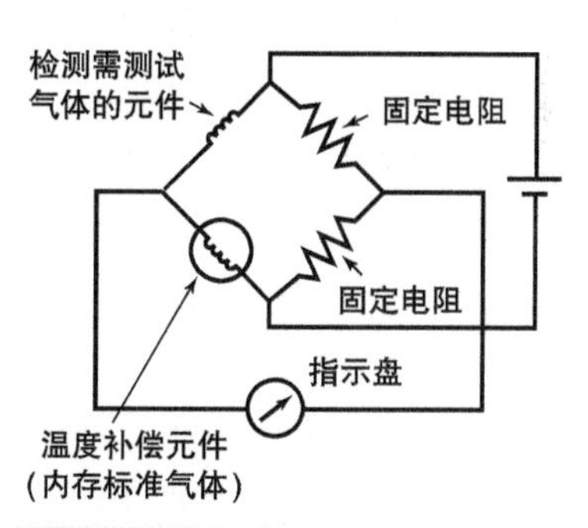

利用碳氢化合物分解产生H_2的高导热性来分析气氛中H_2的浓度，并控制CP。日本企业最早成功实用化。

[3] 渗氮传感器控制系统的配置

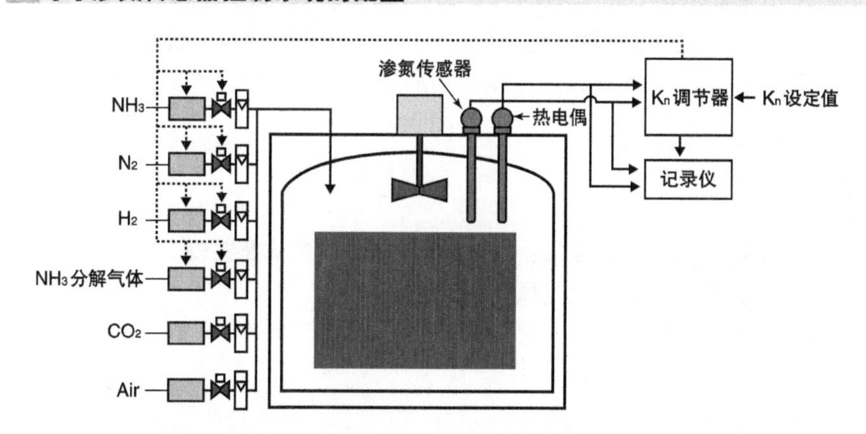

用CO气体进行渗碳的原理

C 和 O_2 是关键。

如前所述，用 CO 气体进行渗碳可以通过固体渗碳、液体渗碳或气体渗碳进行。

布多阿尔（Boudouard）反应

各种处理介质虽然不同，但它们的共同点是 CO 气体。在本节中，将介绍固体渗碳的渗碳原理，在涉及液体渗碳的部分中，有一些后续将介绍的碳氮共渗的内容。

（1）固体渗碳　介质由颗粒状的木炭和渗碳促进剂组成。将其放入一个渗碳箱（铁质）中，再将渗碳工件放入渗碳箱中，盖上箱盖，放入在炉中加热。如下页图 [1] 所示，有两种设置炉子的方法：A 和 B。A 是上述的正常方法，B 是将箱盖在真空脱气后焊接。两个容器在 930℃加热 4h，然后在炉中冷却。哪个方法下渗碳正常进行呢？是 A 还是 B？

答案是 A，而 B 完全没有渗碳。A 和 B 的主要区别在于是否有氧气。比较下页 [1] 中 A 和 B 的反应方程式。在 A 中，形成了 CO 气体，从而引起了碳的渗透和扩散，而在 B 中，由于没有氧气，没有形成 CO 气体，红热的固体碳虽然与钢有接触，但是没有发生渗碳。A 中的反应称为布多阿尔（Boudouard）反应，是利用 CO 气体渗碳的关键反应。

（2）液体渗碳　将工件浸入加热到 750 ~ 850℃的 NaCN（氰化钠）为主要成分的熔融盐浴中。下页 [2] 列出了其反应方程。NaCN 与空气中的氧气反应形成 NaCNO，而 NaCNO 又进一步反应形成 CO 气体和 N（刚分解之后的 N，拥有高活性），CO 气体和 N 通过钢的表面渗入和扩散。这种工艺称为盐浴碳氮共渗，也称为氰化工艺。

- **固体渗碳、盐浴渗碳、气体渗碳——CO 气体是关键。**
- **大多数渗碳是通过气体渗碳完成的。**

[1] 固体渗碳：哪个方法会发生渗碳?

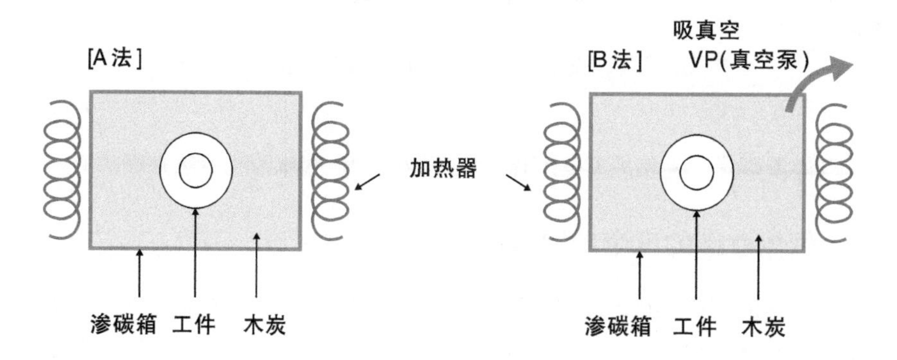

930℃ × 4h处理

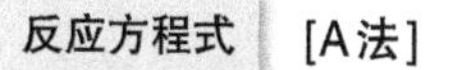

[A法]

$$C + O_2 = CO_2$$
$$CO_2 + C = 2CO$$
$$2CO + [Fe]\gamma = [Fe\text{–}C]\gamma + CO_2$$

[B法]

$$C + [Fe]\gamma = [Fe\text{–}C]\gamma$$

[2] 液体渗碳

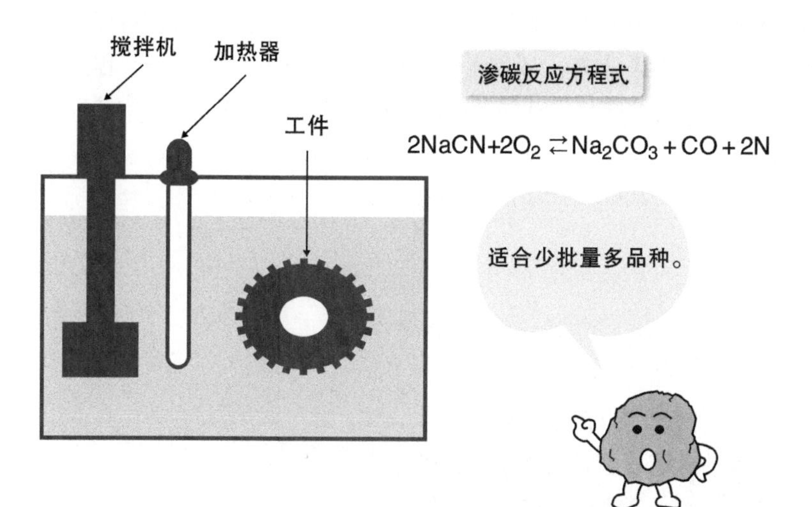

$$2NaCN + 2O_2 \rightleftarrows Na_2CO_3 + CO + 2N$$

55 气体渗碳工艺

气氛控制，高度可重复，质量稳定。

气体渗碳是一种使用 CO 气体、H_2 气体或 N_2 气体的气氛热处理。

气体渗碳的三个前提条件

与上述的固体渗碳和液体渗碳一样，气体渗碳需要三个前提条件：①钢必须加热到奥氏体状态。这是因为，正如在介绍 Fe-C 相图那节所介绍的，碳在奥氏体状态下的溶解度更高；②以 CO 为主体的气氛气体；③钢材必须是渗碳钢（表面硬化钢）。

在气体渗碳中，钢在 CO 气体、H_2 气体、N_2 气体中加热。这种利用气体进行的热处理称为气氛热处理。在气体渗碳工艺中，有两种方法可以产生以 CO 为主体的气氛气体：①吸热式气体发生法；②滴注法。

方法①是空气和碳氢化合物气体（丁烷、丙烷等）混合后，投入一个加热到 1050℃的装有 Ni 催化剂的炉内，生成一定比例的 CO 和 H_2；方法②是把甲醇（CH_3OH）投入炉内，分解成 CO 和 H_2，形成气氛。然而，这两者所产生的气氛的渗碳能力较低，称为载气，见下页 [1]。

对钢表面进行渗碳处理，使其表面碳的质量分数达到 0.8%，需要往载气中添加富气以提高渗碳能力。对表面碳含量和添加的富气量的控制称为气氛控制，它确保了高度可重复、质量稳定的渗碳过程。下页 [3] 所示为气体渗碳工艺。

- **气体渗碳的三个前提条件。**
- **气氛热处理 = 使用气体进行热处理。**
- **气氛控制 = 控制表面碳含量和富气的加入量。**

[1] 气体渗碳工艺的原理

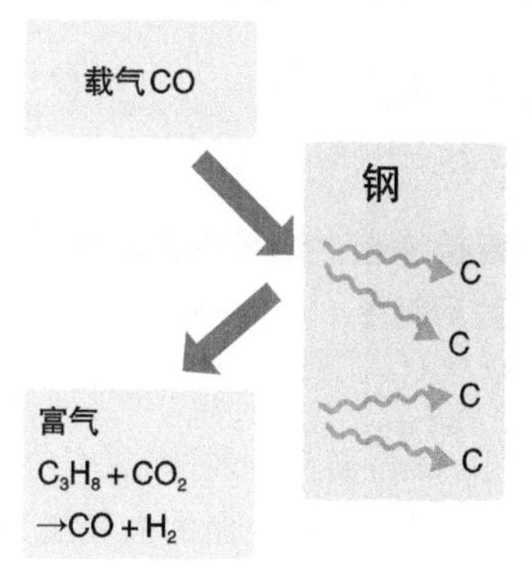

反应方程式

(1) 载气（吸热式发生气体，甲醇分解气体）

$$2CO + [Fe]_\gamma \longrightarrow \underset{\text{渗碳}}{[Fe\text{–}C]_\gamma} + CO_2$$

(2) 富气（丙烷气体）

$$3CO_2 + C_3H_8 \longrightarrow 6CO + 4H_2$$

$$6CO + 3[Fe]_\gamma \longrightarrow \underset{\text{渗碳}}{3[Fe\text{–}C]_\gamma} + 3CO_2$$

[2] 渗碳硬化层的名称

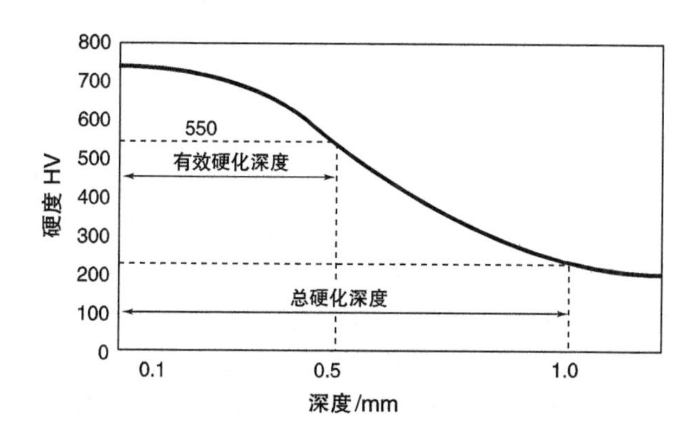

[3] 气体渗碳工艺示例（多功能炉，SCM 415）

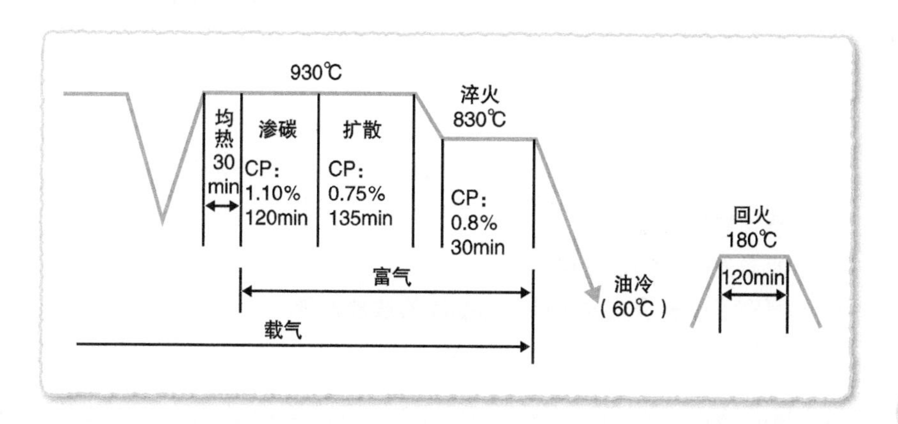

56 真空渗碳（减压渗碳）工艺

真空下，将碳直接渗入扩散到钢中。

真空渗碳是用碳氢化合物气体对钢进行直接渗碳，这与气体渗碳不同，气体渗碳主要是利用还原性的 CO 气体将碳扩散到钢中。

相当于离地面 30000m 的高空

真空（减压）是指在一个容器中把气体压力降低到比外面的大气压力更低的状态。真空渗碳是在这种真空条件下对钢进行加热和渗碳的过程。

一般来说，我们生活环境中的大气压力是 1013hPa（760Torr）。相比之下，真空浸碳是在 1.33 ~ 13.3hPa（1 ~ 10Torr，约为大气压力的 1/1000~1/100）的压力下进行的。这听起来可能不易理解。这里举一个比较的例子，富士山顶的压力是 633hPa，珠穆朗玛峰顶的压力是 313hPa，而真空渗碳的 13.3hPa 相当于离地 30000m，可以把它看作是在这样的稀薄气体中加热。

在真空中把钢加热到 900 ~ 980℃，可以去除表面形成的氧化膜，保持表面的活性和反应性。表面不断被激活，变得更加活跃。当加入碳氢化合物气体（丙烷、乙炔、乙烯等）并与钢材接触时，碳会渗透并扩散到钢材中，发生渗碳现象，如下页 [1] 所示。然而，如果让渗碳气体持续渗入，会有越来越多的碳进入钢中，其表面会变得比质量分数为 0.8% 的目标碳含量更大。因此，采用脉冲控制系统，交替加入渗碳气体和抽真空。最近，人们开发了一种方法，通过测量添加的渗碳气体分解产生的 H_2 浓度来控制钢的表面碳含量。真空渗碳有许多优点，如果表面碳含量控制的问题得到解决，它将成为气体渗碳的主要替代技术。

- **脉冲控制系统。**
- **真空渗碳有许多优点。**
- **真空渗碳有望成为取代气体渗碳的技术。**

[1] 真空渗碳的原理

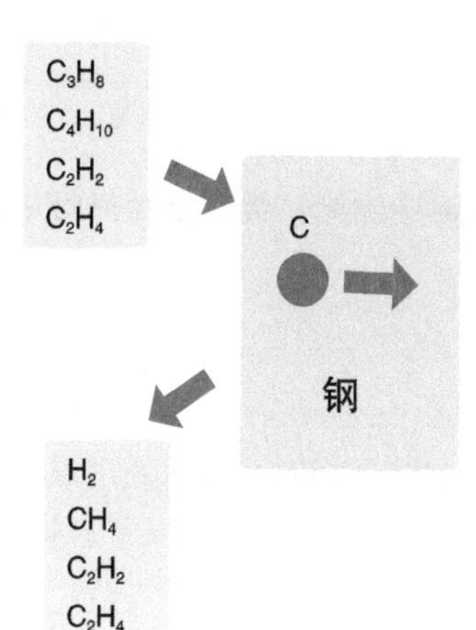

反应方程式

(1) $C_3H_8 + 3[Fe]_\gamma \longrightarrow 3[Fe\text{–}C]_\gamma + 4H_2$

丙烷气体　奥氏体化　　渗碳

(2) $C_2H_2 + 2[Fe]_\gamma \longrightarrow 2[Fe\text{–}C]_\gamma + H_2$

乙炔气体　奥氏体化　　渗碳

[2] 真空渗碳工艺的示例

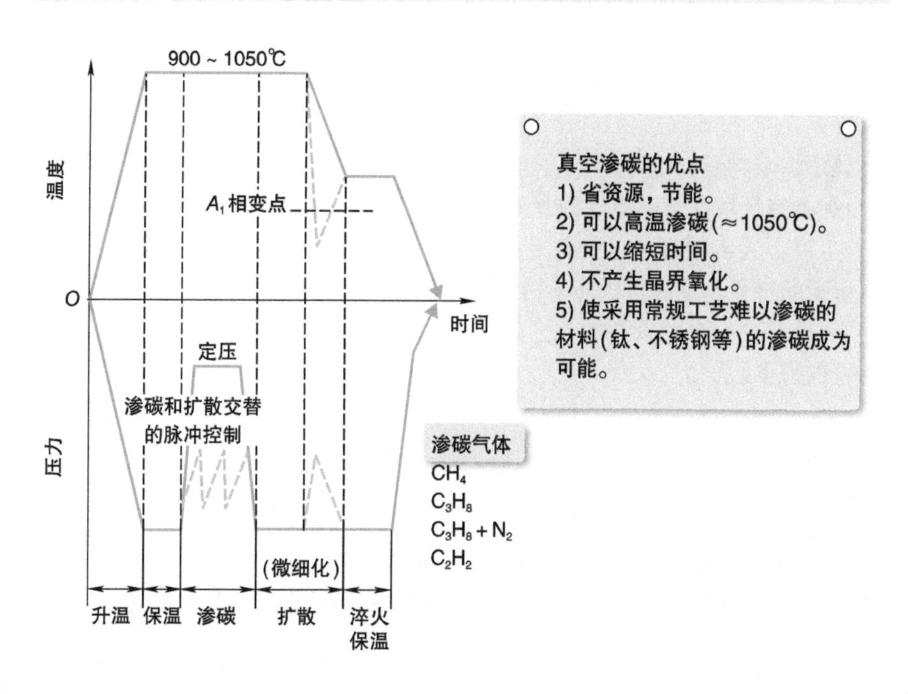

离子渗碳工艺

以等离子体为媒介的渗碳。

在离子渗碳中，钢铁材料在紫色的辉光放电中发光，类似于荧光灯中的辉光灯。

作为一项节能技术受到期望

离子渗碳的原理与后面将提到的离子渗氮的原理相同，只是处理温度更高，供应气体为碳氢化合物而不是N_2。真空渗碳和离子渗碳可以节省资源、能源和减少排放。

然而，有一些问题阻碍了它们的实际应用。温度测量和控制技术不完善。有两种测量温度的方法：辐射温度计法和热电偶法。这两种方法测量的温度都与实际温度之间有很大差异，与气体渗碳工艺的加热室中温度分布（约 ±5℃）更是相差甚远。

下页 [1] 所示为离子渗碳的示意图。表面的碳含量是通过类似于真空渗碳的脉冲过程来控制的，重复投入渗碳气体—抽真空—投入渗碳气体的过程。离子渗碳时的压力一般为 10 ~ 30Pa。与气体渗碳相比，渗碳硬化层的形成时间更快。

离子渗碳具有以下特点：

1）真空环境。没有氧气的介入意味着它是没有晶界氧化的光亮处理。

2）离子轰击效应可以去除工件表面稳定的氧化膜，从而使采用常规工艺难以渗碳的材料（钛和奥氏体不锈钢等）很容易实现渗碳。

3）这是一个节约资源的工艺，几乎没有CO_2废气，而且使用的气体比气体渗碳少得多。

- **处理温度高，使用碳氢化合物作为原料气体。**
- **作为一项节能技术，它既有希望也有挑战。**
- **采用离子渗碳，常规工艺难以渗碳的材料可以很容易地实现渗碳。**

[1] 什么是离子渗碳？

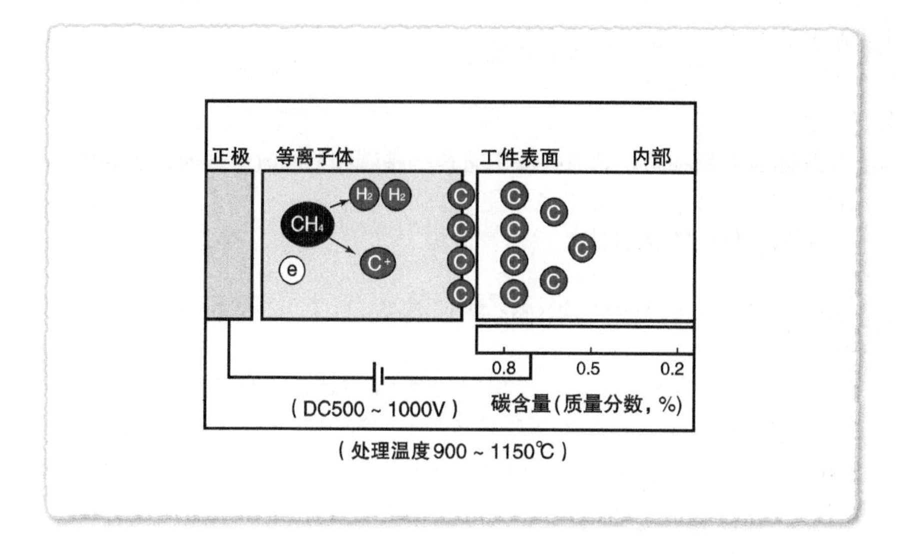

[2] 离子渗碳工艺的两个示例

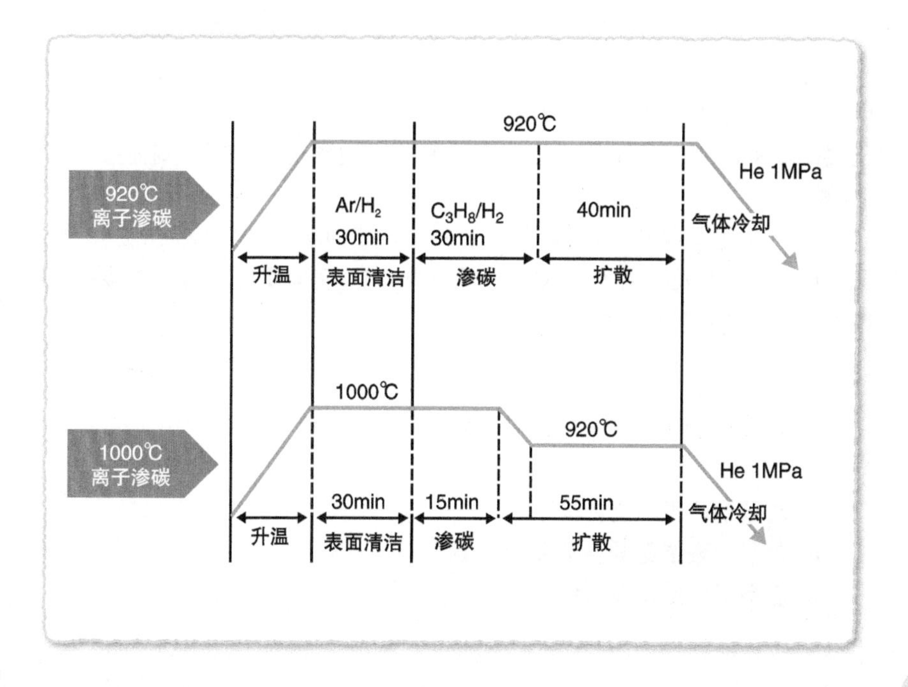

58 碳氮共渗工艺

预计会有广泛的应用。

与渗碳和渗氮不同，碳氮共渗工艺是一种碳和氮同时渗透和扩散的处理。

注意 NH_3 的添加量

前面介绍的盐浴渗碳就是碳氮共渗，因为它产生了 CO 和 N。这里将介绍气体碳氮共渗。

下页 [1] 所示为 Fe-C 和 Fe-N 相图的 A_1 线的叠加。当氮进入钢中时，与 Fe-C 相图相比，A_1 线从 727℃下降到 590℃。渗碳工艺在碳固溶极限较宽的 γ 区域进行，而渗氮工艺在氮固溶量高的 580℃左右进行。由于氮的固溶而导致的 A_1 线的降低，被认为是即使处理温度低于常规渗碳温度也能获得良好的淬透性的原因，正如下页 [1] 的图中所示，碳氮共渗的典型处理温度为 780 ~ 860℃。气氛的载气是 RX（吸热式发生气体）或滴注分解气体，富气是碳氢化合物气体，这些和气体渗碳一样，而渗氮源是 NH_3。通常情况下，加入体积分数为 2% ~ 5% 的 NH_3。下页 [2] 所示为碳氮共渗的标准工艺图。

碳氮共渗具有以下特点：①能提高淬透性，对碳钢的表面硬化很有效；②由于处理温度低，工件变形小；③容易形成残留奥氏体；④通常情况下，硬化层的深度限制在 0.5mm 左右，但如果需要更深的硬化层，则需要 900℃以上的温度。

如果加入过多的 NH_3，会在处理过的工件表面形成空隙（多孔层），使工件无法使用，所以必须注意添加量，见下页 [3]。表面硬化钢的碳氮共渗已用于增加表面硬度和防止点蚀。

- **对碳钢的表面硬化有效。**
- **由于处理温度低，工件变形小。**
- **容易形成残留奥氏体。**

[1] 在 Fe-C 和 Fe-N 相图的 A_1 线附近

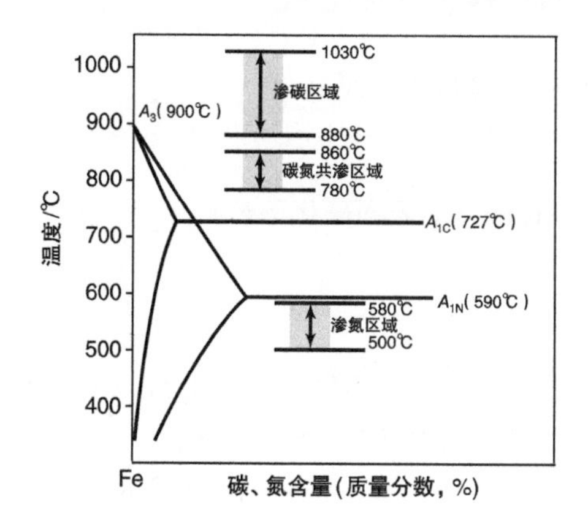

[2] 碳氮共渗的标准工艺图

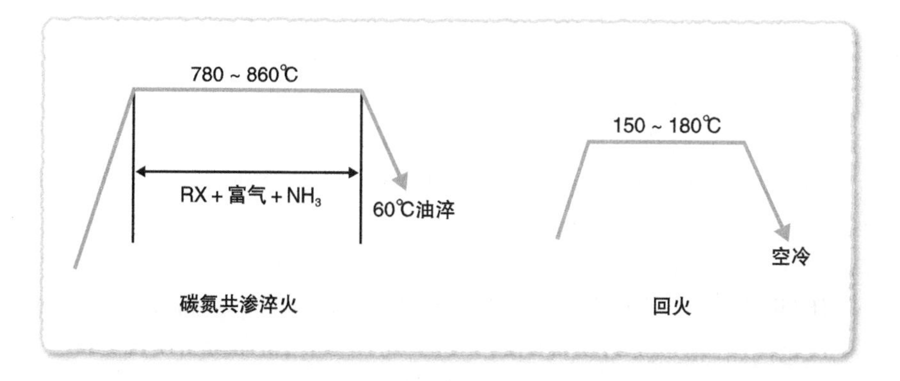

[3] 处理后工件表面的空隙（多孔层）

如果加入过多的NH_3，会在处理后的工件表面形成空隙(多孔层)，使工件无法使用，所以必须注意添加量。

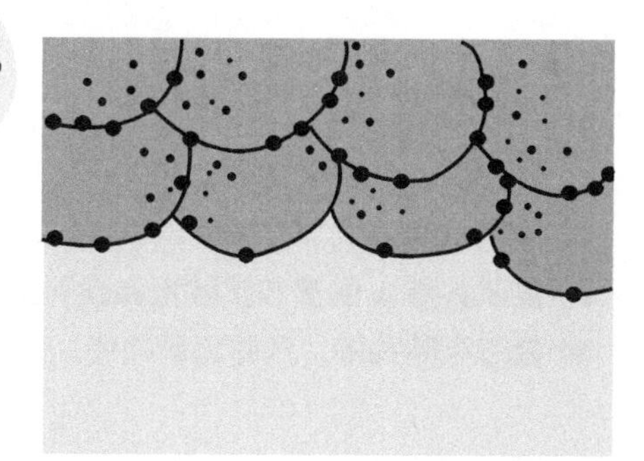

渗氮方法的种类

渗氮和氮碳共渗可使钢的表面硬化。

渗氮是一种经常与渗碳相提并论的钢的表面硬化工艺。

氮碳共渗有几种类型

下页 [1] 所示为渗氮方法的分类。渗碳是将钢加热到 A_1 线以上的奥氏体状态，而渗氮是在 A_1 线以下进行的，渗氮温度为 500 ~ 580℃。渗碳先是碳的渗透和扩散，然后是淬火。而渗氮和氮碳共渗，顾名思义，涉及氮的渗透和扩散，或氮和碳的渗透和扩散，但之后不进行淬火，只是进行冷却。渗氮处理有两种主要类型：

（1）渗氮处理　只将氮渗透和扩散到钢中的方法。1923 年，德国人 A.Fry 博士发现，在氨气中，将含有 Al、Cr 和 Mo 的钢在 510℃保温 50 ~ 100h，可以明显提高表面硬度，并在表面形成一层坚硬的氮化铁。从那时起，它一直广泛应用到今天（这种渗氮处理的应用和原理见第 60 节）。

（2）氮碳共渗处理　不仅是氮，碳或氧也同时渗透和扩散，处理温度通常也在 A_1 以下，一般为 550 ~ 580℃，该热处理工艺称为氮碳共渗。气体渗氮使用含有对氮有高度亲和力的合金元素的钢，如含有 Al、Cr、Mo 等的钢。这种氮碳共渗处理的优点在于它可以应用于任何类型的钢铁材料，无论是铁、钢，还是铸铁。有三种类型的氮碳共渗方法：盐浴氮碳共渗、气体氮碳共渗和离子氮碳共渗，这个顺序也表明了氮碳共渗技术的演变（各种方法的应用和原理见第 61 ~ 63 节）。

- **渗氮 = 只渗透和扩散氮到钢中。**
- **氮碳共渗 = 渗透和扩散氮和碳到钢中。**
- **盐浴氮碳共渗、气体氮碳共渗、离子氮碳共渗。**

[1] 渗氮方法的分类

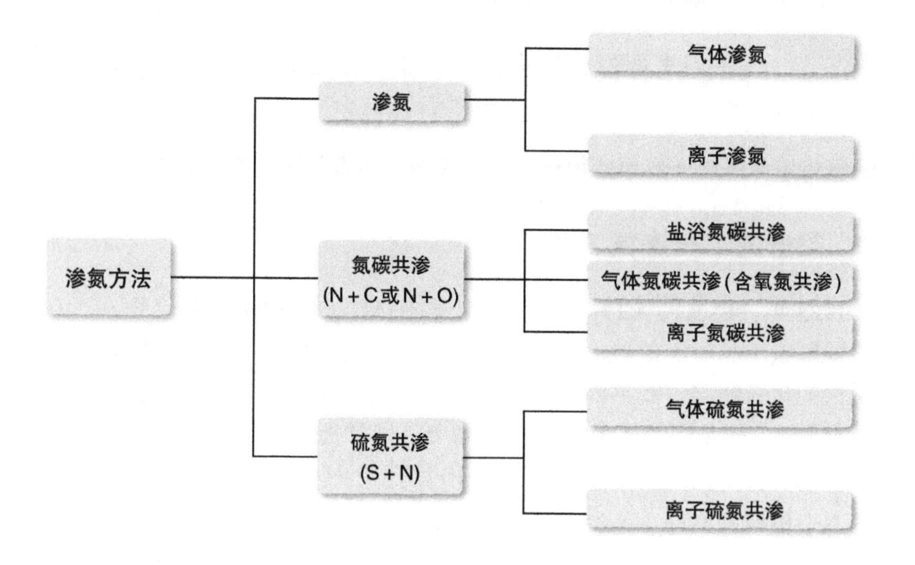

[2] 渗氮组织

将含有Al、Cr和Mo的钢在510℃的氨气中保温50~100h，可以明显提高表面硬度，并在表面形成一层竖硬的氮化铁。

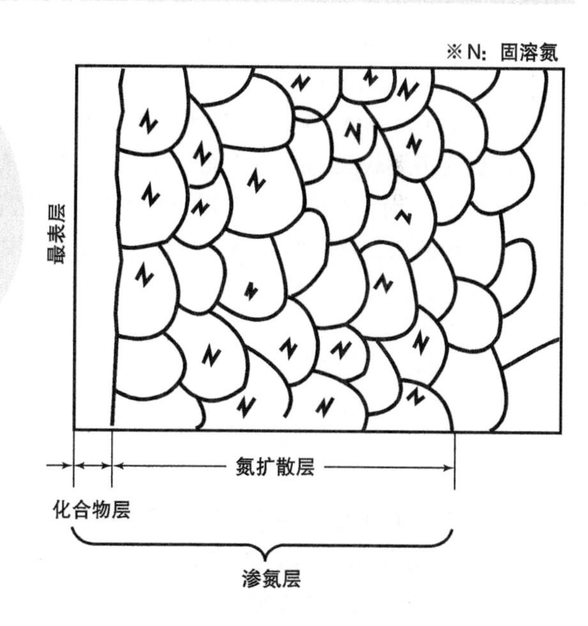

60 气体渗氮工艺

在最表面形成氮化铁，增加表面硬度。

气体渗氮是被开发出的第一个无淬火相变的表面硬化方法。

改进的二段渗氮工艺

1923 年，德国人 A.Fry 博士发现，含有 Al、Cr 和 Mo 的合金钢在 510℃的氨气气氛中长时间放置后，其表面硬度非常高，并且在表面上形成了一个氮化铁的化合物层，其下面形成了一个扩散层，硬度曲线呈现为表面高向内部趋于平缓。这是渗氮技术的开始，“渗氮”通常指的就是这种气体渗氮。

下页 [1] 所示为渗氮的原理。在 510℃下，NH_3 与钢铁表面发生反应，分解成 N（初期的氮原子）和 H_2 气体。这种 N 与合金元素 Al、Cr 和 Mo 有很强的结合力，形成 AlN、CrN 和 MoN，并通过钢表面向内部扩散。同时，渗透到内部的氮与铁发生反应，在表面附近形成厚度为几十微米的氮化铁层。这种化合物层增加了表面硬度，分散在内部的合金氮化物形成了扩散层。顺便说一下，以同样的方式处理碳钢不能达到这种效果，因为合金元素的影响很大。SACM645 是 JIS 中规定的唯一的渗氮钢。

对于含有 Cr、Mo、V 等的钢种，可以进行渗氮处理。气体渗氮是一种低温工艺，通常需要较长的时间（50 ~ 100h），但也有改进的两段式渗氮工艺。经过调质的渗氮钢，在回火温度以下的温度下处理，表面是氮化物层，硬度高，其下是扩散层，具有变形小，耐磨性和疲劳强度高的特点。

- **表面附近的氮化铁增加了表面硬度。**
- **对于含有 Cr、Mo、V 等的钢种，可以进行渗氮处理。**
- **改进的二段渗氮工艺。**

[1] 渗氮的原理

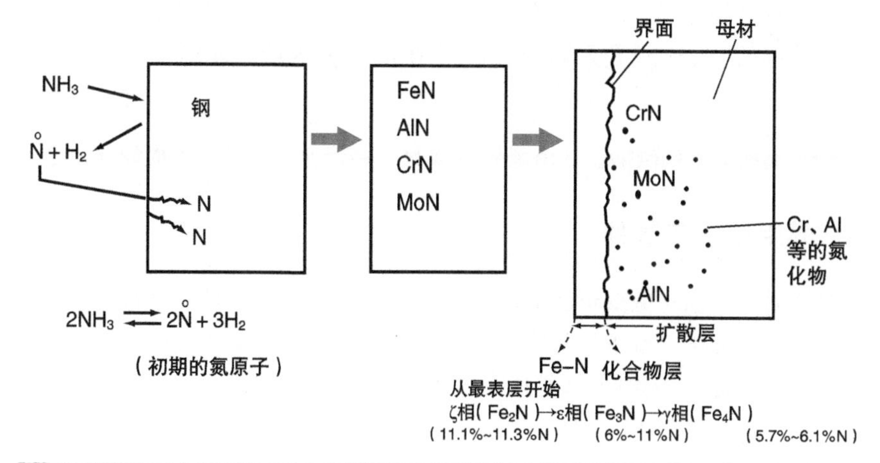

[2] 气体渗氮的热处理工艺示例

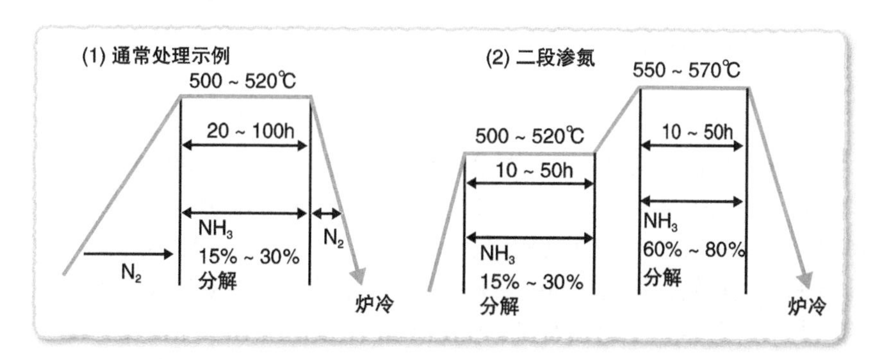

[3] 材质和硬度的示例

材质	表面硬度（HV）
SACM645	1000 ~ 1200
SKD61	1000 ~ 1100
SCM435	800 ~ 900
SUS420J2	950 ~ 1100
SKH51	1000 ~ 1200

左表是可以进行气体渗氮的材质示例。

61 盐浴氮碳共渗

在 A_1 相变点以下，工件变形小，生产成本低。

气体渗氮不适合碳钢，盐浴氮碳共渗是一种低变形的碳钢表面硬化工艺。

适用于所有钢种

二战后，人们对低变形和低成本的碳钢表面硬化方法有强烈的需求，并促进了基于氰化钠的改进型盐浴渗碳处理的发展，但它没有达到全面的实际应用。然而，随着20世纪50年代末的汽车工业的大规模发展，一种新的盐浴氮碳共渗方法从德国引进到日本公司。

下页 [1] 所示为盐浴氮碳共渗的原理。首先，将空气送入570℃下加热熔化的氰化钾和氰酸钾的混合盐浴中，生成N和CO。然后在钢的表面形成一个氮化铁和碳氮化合物的化合物层，渗入并扩散到钢内部的固溶氮，形成扩散层。

这个方法对所有等级的钢材，从碳钢到铸铁和软钢都适用。碳钢、低合金钢、高合金钢和铸铁都有不同的表面硬度，所形成的化合物层的深度也因材料而异。与气体渗氮的主要区别是处理时间短，在570℃时，盐浴氮碳共渗时间为30～180min。通过表面的化合物层增加表面硬度，通过固溶有氮的扩散层抑制疲劳传播，从而提高疲劳强度。该方法已用于许多钢铁零件，如汽车零件、工程机械零件、机床和照相机零件等。

然而，使用有毒的氰化物有一些缺点，如对环境的影响和在化合物层最表面形成的多孔层。盐浴氮碳共渗已经越来越多地被气体渗氮所取代。

- **与气体渗氮不同，处理时间短。**
- **由于不伴随相变，所以工件变形小。**
- **其缺点是使用剧毒的氰化物。**

[1] 盐浴氮碳共渗的原理

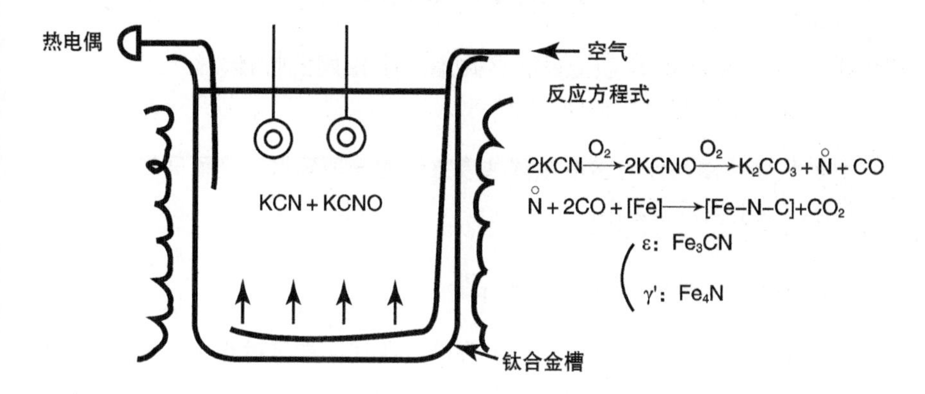

$$2KCN \xrightarrow{O_2} 2KCNO \xrightarrow{O_2} K_2CO_3 + \overset{\circ}{N} + CO$$

$$\overset{\circ}{N} + 2CO + [Fe] \longrightarrow [Fe\text{–}N\text{–}C] + CO_2$$

ε：Fe_3CN

γ'：Fe_4N

[2] 材质、硬度和化合物层深度（570℃ ×120min）

钢种	表面硬度 HV	化合物层深度 /μm	扩散层深度 /mm
S15C	400 ~ 500	10 ~ 12	0.3 ~ 0.5
S45C	450 ~ 550	8 ~ 10	0.2 ~ 0.4
SCM420	600 ~ 700	9 ~ 11	0.2 ~ 0.4
SCM435	600 ~ 700	8 ~ 10	0.2 ~ 0.4
SCr435	600 ~ 700	8 ~ 10	0.2 ~ 0.4
SKD61	900 ~ 1100	4 ~ 8	0.05 ~ 0.15
SKD11	900 ~ 1100	3 ~ 6	0.05 ~ 0.15

[3] 处理产品示例

右表是盐浴氮碳共渗处理产品的例子。

分类	名称	钢种
汽车	曲轴	S45C
	气阀摇臂	S45C
	齿轮	S45C
	排气阀	SUH
工程机械	缸体	SCM435
	履带	SCM440
模具	铝挤压模具	SKD61

62 气体氮碳共渗

可以获得与盐浴氮碳共渗几乎相同的性能。

气体氮碳共渗是作为盐浴氮碳共渗方法的一项环保措施而开发的，它促进了汽车工业的大规模发展。

也可作为硬铬镀层的替代品

如前所述，氮碳共渗需要供应氮和碳。在气体渗氮过程中，氮供应源是 NH_3，碳供应源是吸热式发生气体 CO。

此外，在 NH_3、N_2 和 CO_2 的混合气氛中还会产生 CO 来供应 C。

下页 [1] 所示为气体氮碳共渗的原理。处理温度为 550 ~ 580℃，处理时间为 30 ~ 180min，与盐浴氮碳共渗处理差别不大。大多数等级的钢都可以处理，但奥氏体不锈钢需要进行预备热处理，因为它们表面有一层很强的氧化铬（Cr_2O_3）膜。所取得的性能，如改进的耐磨性和疲劳强度，与盐浴氮碳共渗的性能相同。处理中碳钢时，增加化合物层中的氮含量，可显著提高耐蚀性，并可作为硬铬镀层的替代。

这里说明碳钢和合金钢中扩散层的硬化机制。在合金钢中，化合物层下面的组织中固溶的 N 与 Cr 和 Mo 形成氮化物，分散在扩散层，不受处理后的冷却速度的影响。而对于碳钢，氮是侵入性固溶，它扭曲了铁的晶格。这导致了硬度的增加和扩散层的形成，但是这需要快速冷却。当缓慢冷却时，N 和 Fe 结合形成 Fe_4N，它以针状形态析出，从而消除了铁的晶格扭曲，降低了扩散层的硬度曲线。

- **作为盐浴氮碳共渗方法的一项环保措施而开发的。**
- **合金钢不受处理后冷却速度的影响。**
- **碳钢需要快速冷却。**

[1] 气体氮碳共渗的原理

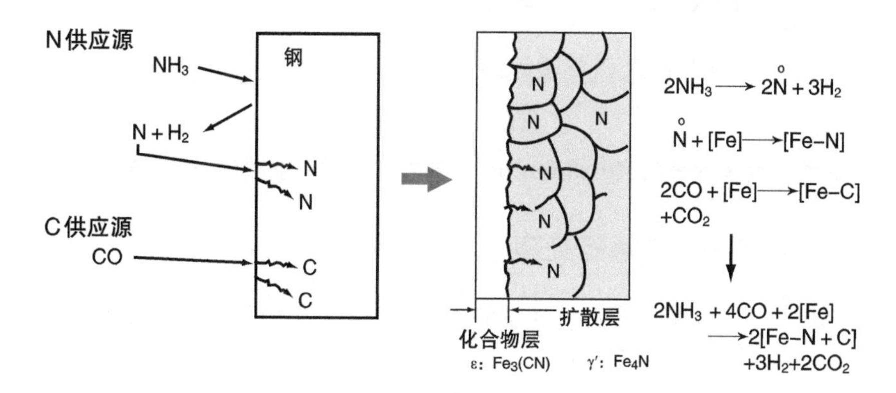

[2] 气体氮碳共渗处理钢种的渗氮特性示例

钢种	表面硬度 HV	化合物层深度 / μm	扩散层深度 / mm
S15C	600 ~ 650	20 ~ 25	0.4 ~ 0.6
S45C	700 ~ 750	20 ~ 25	0.4 ~ 0.6
SCM435	800 ~ 850	15 ~ 20	0.4 ~ 0.6
SACM645	1000 ~ 1100	10 ~ 15	0.3 ~ 0.5
SUJ2	800 ~ 850	10 ~ 15	0.3 ~ 0.5
SKD61	900 ~ 1050	5 ~ 8	0.05 ~ 0.20
SKD11	900 ~ 1100	5 ~ 8	0.05 ~ 0.20

[3] 处理过程示例

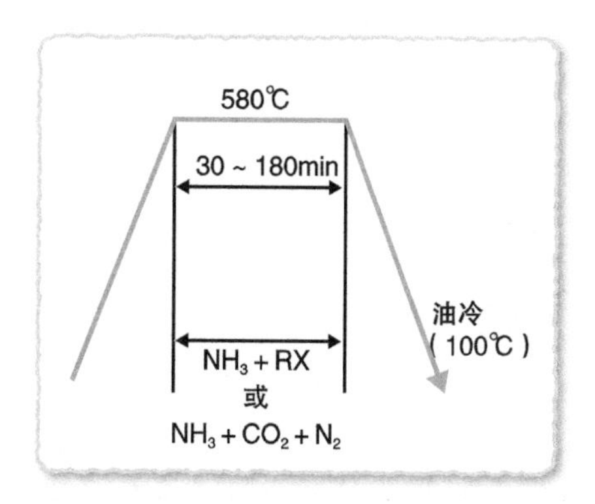

特色

1）一般钢种都可以处理。

2）无公害。

3）多孔层少。

4）处理表面光滑。

5）易于大量生产。

63 离子渗氮

节省资源和节约能源的技术。

该技术由德国公司 Krackner Ionon 开发，使用真空减压容器进行处理。

通过辉光放电进行处理

气体渗氮、盐浴氮碳共渗和气体氮碳共渗是基于钢与气体的反应，而离子渗氮则是基于完全不同的原理。

下页 [1] 所示为离子渗氮的原理。使用真空减压容器，将需要处理的工件放置在容器中，并使工件之间不会相互接触。在减压之后，N_2 和 H_2 被吸入容器中。在压力降低到几托（1Torr=133Pa）后，施加几百伏的直流电压，以容器壁为阳极，以被处理的工件为阴极。然后，工件表面被一种美丽的紫色放电所包围，称为异常辉光放电。放电中的 N_2 和 H_2 成为 N 离子和 H 离子，它们以高能量与工件表面碰撞，从而提高了工件的温度。此外，N 离子在碰撞过程中与 Fe 反应，N 从表面渗透和扩散，在表面形成氮化铁层，内部形成扩散层，这与其他渗氮和氮碳共渗方法相同。

在使用 N_2 的情况下进行离子渗氮，在使用 N_2 和碳氢化合物气体（CH_4）的情况下进行离子氮碳共渗。

下页 [2] 所示为离子渗氮工艺。温度从室温开始升高，当达到处理温度时，要保温几个小时，然后在炉中冷却。在盐浴和气体氮碳共渗的情况下，一组工件即使相互接触也会实现渗氮，但在离子渗氮的情况下，如果工件相互接触，就不会发生辉光放电，也不会实现渗氮。另外，适用的钢种与气体渗氮和气体氮碳共渗相同。下页 [1] 的右边列出了离子渗氮的特点。

- **在使用 N_2 的情况下进行离子渗氮。**
- **在使用 N_2 和 CH_4 的情况下进行离子氮碳共渗。**
- **易于部分防止渗氮。**

[1] 离子渗氮的原理

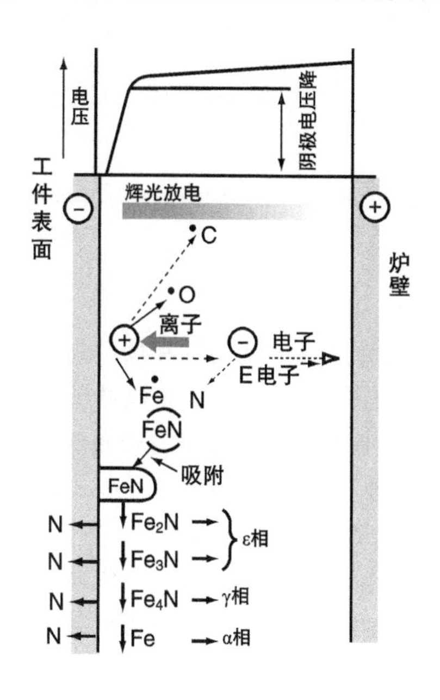

离子渗氮的特点

1) 节省资源和节约能源。
2) 可以用N_2渗氮。
3) 无公害。
4) 作业环境好。
5) 易于部分防止渗氮。

[2] 离子渗氮工艺示例

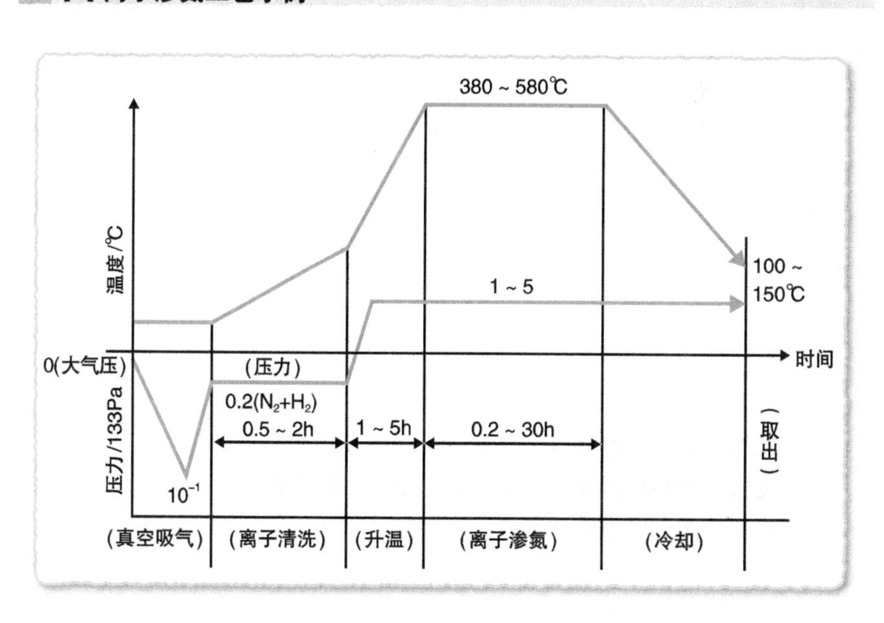

其他渗氮方法

渗氮的方法还有很多。

奥氏体不锈钢须采用特殊的渗氮工艺。

硫氮共渗提高抗咬合性能

（1）硫氮共渗　渗氮处理可以提高处理后产品的耐磨性和疲劳强度，而硫氮共渗可以进一步提高抗咬合性能，降低摩擦系数。它是氮碳共渗和渗硫的结合，除了形成氮化物，还形成硫化物。当硫（S）通过钢的表面渗透和扩散时，在化合物的表面会形成硫化铁，如下页 [1] 所示。这种硫化物提高了对咬合的抵抗力。处理温度为 550 ~ 580℃，与氮碳共渗处理相同。有盐浴法、气体法和离子法，但采用气体法时，会使用危险的硫化氢（H_2S）气体，所以在处理时必须小心。下页 [2] 是气体氮碳共渗和气体硫氮共渗处理产品的摩擦系数对比试验结果的例子。

（2）奥氏体不锈钢的特殊渗氮方法　奥氏体不锈钢的表面形成了氧化铬 (Cr_2O_3)，在正常的渗氮处理中不发生渗氮，而只是发生氧化。因此，为了去除这种氧化膜，在 NH_3 气氛形成之前，要加入氯化物（盐酸、氯化铵等）或卤系（Cl、F）气体，以去除氧化膜。之后，加入 NH_3 就可以很容易进行渗氮，如下页 [3] 所示。

然而，在这种情况下，维持耐蚀性的 Cr_2O_3 薄膜会消失，Cr 变成氮化铬，所以耐蚀性会明显下降。目前正在努力开发一种不降低耐蚀性的渗氮方法，企业对此寄予厚望。

- **硫氮共渗的目的是为了提高抗咬合性能。**
- **硫氮共渗是指氮碳共渗和渗硫的结合。**
- **正在开发一种不降低不锈钢耐蚀性的技术。**

[1] 硫氮共渗产品的组织示例

NH_3气氛中，添加一些硫化氢（H_2S）气体，在化合物层的最表面形成硫化铁，以提高抗咬合性能。

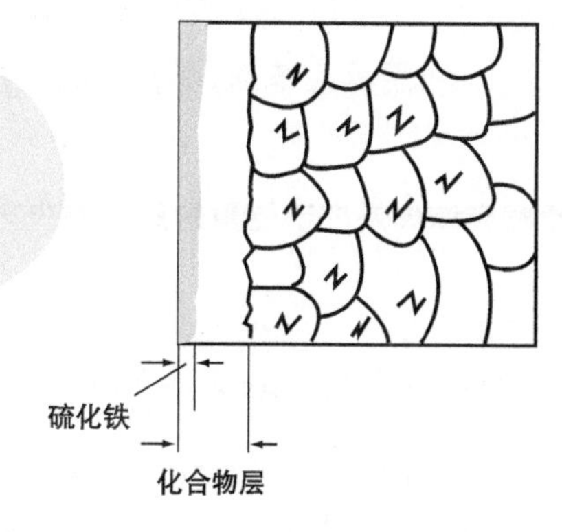

[2] 摩擦试验示例（摩擦系数的比较）

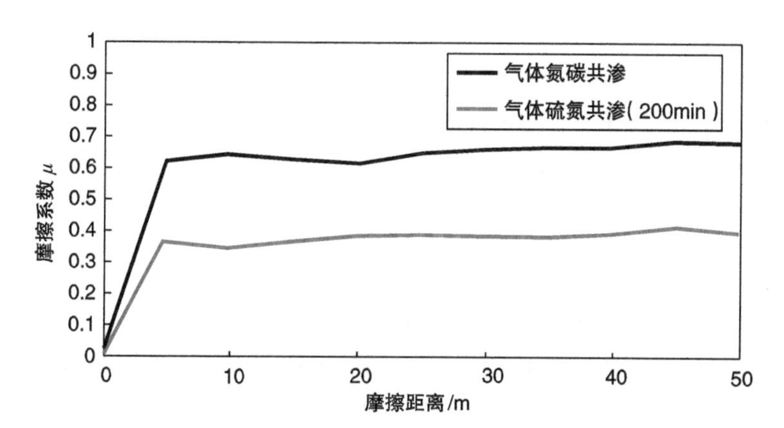

[3] 奥氏体不锈钢的渗氮组织示例

正在积极开发一种不降低耐蚀性的渗氮方法。

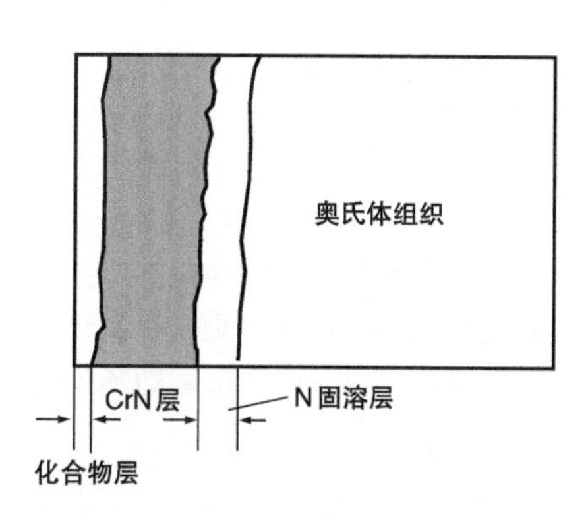

65 高频感应淬火

利用感应电流通过工件时所产生的热量加热工件的技术。

高频感应淬火是广泛使用的局部淬火方法，即只对工件的所需部分进行加热淬火。

其原理与电磁炉的原理相同

与整个钢铁工件被加热和淬火的整体淬火相比，高频感应淬火和火焰淬火是局部淬火方法，只对工件的必要部分进行加热和淬火，以提高工件的耐磨性和抗疲劳性。

高频感应淬火是其中应用最广泛的。一般来说，碳钢 S40C ~ S55C 是最常用的材料。此外还有低合金钢（如 SCM435）和铸铁（如 FCD600）等。其原理是，当钢被放置在一个有交流电流流过的线圈（感应器）中时，会有一种称为感应电流的电流流过，如下页 [3] 所示。这种电流产生的热量加热了钢的表面，这就是感应加热。而感应淬火是通过向被加热的钢件喷洒水或水溶性冷却介质来进行淬火的过程。通常使用的频率范围是 1 ~ 500kHz，频率越高，电流越接近表层，淬火硬化层就越浅（趋肤效应），如下页 [1] 所示。由于在几秒钟内快速加热和冷却，高频感应淬火需要比完全淬火更高的处理温度（一般高 50 ~ 100℃）。碳钢和低合金钢应先进行调质处理，以促进碳溶入奥氏体中。淬火性能好的低合金钢和含有石墨的铸铁容易出现淬火裂纹，因此应注意其形状和壁厚。而且需要不同的线圈以适应各种工件的形状。此外，还需要一个高频振荡器。高频感应淬火是一种节能的热处理方法，可以根据需要随时开关机。

- **最广泛使用的局部硬化技术。**
- **低合金钢和含石墨的铸铁容易开裂。**
- **高频感应淬火是一种节能的热处理方法。**

[1] 频率与硬化深度的关系（趋肤效应）

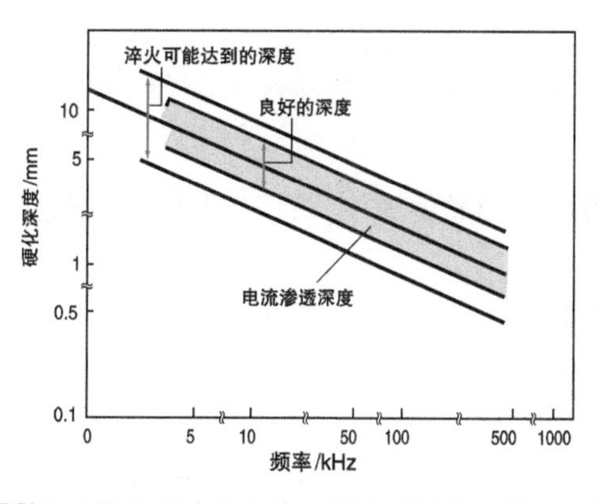

高频感应淬火的特点

- 因为是局部淬火，不加热的部分没有变形。
- 开关机快。
- 容易并入生产线。
- 因为是快速加热，铁素体不容易完全转化为奥氏体。
- 预先进行调质处理效果更好。
- 回火处理是必需的工序。

[2] 高频电源的特点

分类	电动发电机式	电子管式	晶闸管逆变器式	晶体管逆变器式
频率/kHz	≈20	10~1000	≈10	≈500
单机容量/kW	≈2000	≈800	≈5000	≈1000
变换效率(%)	≈85	≈65	≈94	≈95
主要消耗品	轴承	电子管	无	无
所占面积	大	中	小	小
主要用途	热处理 高频感应炉 各种加热器	热处理 焊接、钎焊 溶解炉	热处理 高频感应炉 钢铁精炼 各种加热器	热处理 钢坯加热器 电磁炉

[3] 高频感应淬火的原理

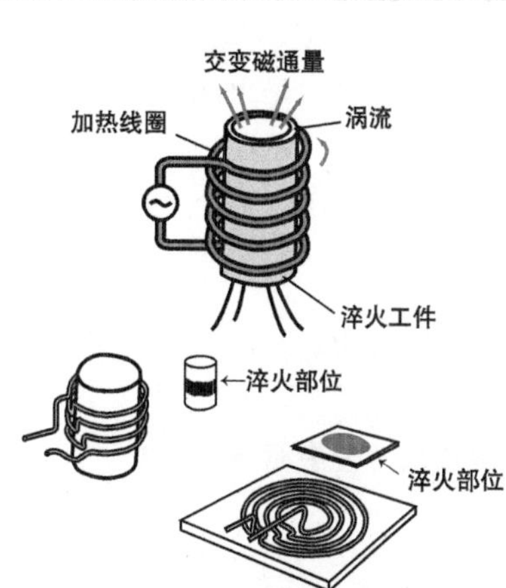

高频感应淬火，回火在哪个工序进行？（示例）

毛坯 ➡ 机械加工 ➡

高频感应淬火、回火 ➡ 磨削 ➡

第5章 表面硬化和改性处理

火焰淬火

表面硬化方法之一。

与高频感应淬火一样，是一种相对简单的方法，只对工件的局部进行淬火。

注意添加氧气的量

火焰淬火的基础是用燃料气体和氧气的混合气体快速加热工件的表面，该混合气体在燃烧器中燃烧产生高温火焰。在生产现场，长期以来只需一个燃烧器加热钢铁材料，然后用水或油冷却。

火焰淬火处理的主要特点如下：

① 设备廉价，与其他热处理设备相比，火焰淬火设备非常简单；②重视经验，根据火的颜色判断温度，根据工件形状选择加热方法等，需要一定的熟练度；③适用于多品种小批量，对工件的质量或大小没有限制；④加热速度快；⑤变形小；⑥淬火硬化层坡度平缓，不易脱落；⑦表面硬度高，残余压应力大，耐磨性和疲劳强度好。

应用的钢种与用于感应淬火的钢种相似，但通常使用碳的质量分数为0.4% ~ 0.5% 的碳钢和低合金钢。下页 [1] 列出了与整体淬火的表面硬度的比较，下页 [2] 列出了用于加热的燃料气体的特性。

下页 [3] 右侧所示为氧乙炔中性火焰的轮廓。火焰是由氧气和乙炔（体积比为 1∶1 ）燃烧得到的，从火口到白心，离火焰中心约 3mm 处是最高温度 3000℃，产品在此最高温度下被加热。

下面 [3] 左侧所示为一个火焰喷嘴的例子。火焰喷嘴是火焰淬火的关键，根据被处理工件的材质、形状和进料速度设计。

- **用高温火焰对工件的表面进行快速加热和淬火。**
- **与其他热处理设备相比，非常简单。**
- **适用于多品种小批量，对产品的质量或尺寸没有限制。**

[1] 整体淬火与火焰淬火的硬度比较

钢种	牌号	整体淬火的硬度 HS（180～200℃回火）	火焰淬火的硬度 HS（180～200℃回火）
机械结构用碳钢	S35C	45～50	55～65
	S40C	47～55	65～75
	S45C	50～60	65～80
Ni-Cr钢	SNC236	55～65	65～80
Cr-Mo钢	SCM432	50～65	65～80
Cr钢	SCr435	55～65	65～80

注：HS是指肖氏硬度。

[2] 燃料气体的特性

燃料气体	气体密度/（kg/m^3）	相对密度（相对空气）	总发热量/（$4.2\times10^3 J/m^3$）	理论需氧量/（m^3/m^3）	最高火焰温度/℃	燃烧极限空气中含量(%)
乙炔	1.1708	0.91	13.930	2.5	3.100	2.5～80.0
丙烯	1.915	1.48	21.960	4.5	—	—
丙烷	2.0200	1.56	23.560	5	2.600	2.1～9.5
丁烷	2.5985	2.01	30.620	6.5	—	1.8～8.4
甲烷	0.7168	0.55	9.498	2	2.600	5.0～15.0

[3] 火焰喷嘴示例和火焰的轮廓

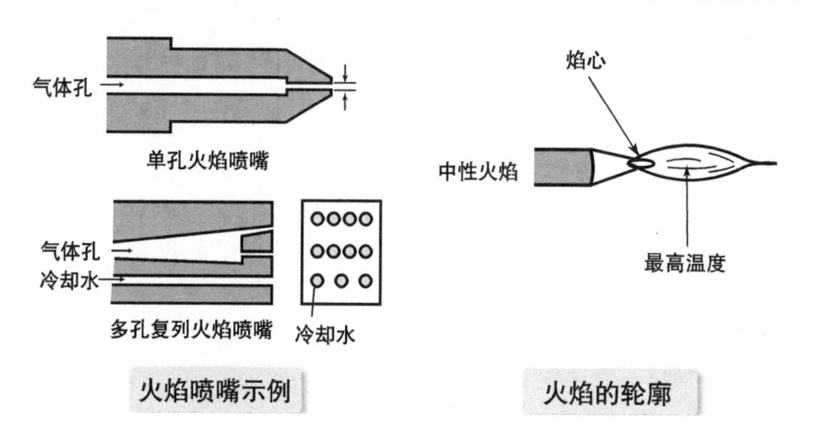

火焰喷嘴示例

火焰的轮廓

表面改性方法的种类

PVD 和 CVD。

一种方法是通过形成紧贴表层的化合物来增加耐磨性和耐蚀性等功能。

不扩散到基体的技术

一家拥有金色的切削工具和模具的工厂正在运作。这种金色是 Ti 和 N_2 的化合物颜色。它是一种几微米厚的硬质陶瓷膜，具有优良的耐磨性、耐蚀性和抗咬合性能，它形成于表层，不会扩散到钢基体中。物理气相沉积（PVD）和化学气相沉积（CVD）是两种形成该硬质陶瓷膜的方法。

PVD 和 CVD 也是一种电沉积的表面处理技术，相对于传统的湿法电镀而言，它们称为气相沉积。在热处理领域，有一些表面硬化方法，如渗碳和渗氮，将 C 和 N 扩散到钢基体中，而 PVD，CVD 称为表面改性方法，因为它们不扩散 C 或 N，而是在表层形成一种完全不同的化合物，增加了前面提到的特性。

各自有优势和劣势。材料、成分和工艺的选择取决于工具是用于切割还是钻孔，模具是用于热成形还是冷成形，冷成形是用于冲压或精冲，切削是否用于干切削等。

表面改性技术正在迅速发展，新的薄膜和多层膜正在开发中。此外，正在开发将表面硬化技术与热处理和可在低温下形成的类金刚石薄膜（DLC）相结合的技术。除了改善力学性能外，一些实际应用也在研发中，如不需要使用切削油来改善工厂环境的干式切削膜，以及用于压铸和塑料注射成形的无脱模剂膜等。

- **物理气相沉积（PVD）和化学气相沉积（CVD）。**
- **Ti 和 N 的化合物紧贴表层。**
- **表面改性技术正在发展中。**

[1] 表面改性方法的分类

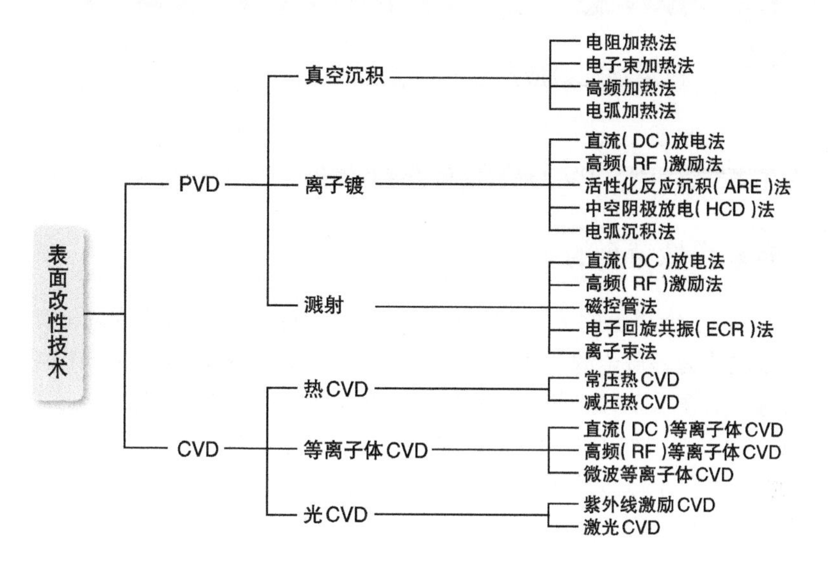

[2] 各种改性工艺的特点比较

项目	PVD	PCVD	CVD		
			低温CVD	中温CVD	高温CVD
薄膜	TiN、TiCN、TiAlN、CrN、DLC	TiN、TiCN、TiAlN、TiAlSiCNODLC	W_2C	TiCN	TiN、TiCN、TiC、Al_2O_3
处理方法	离子反应	离子反应	热化学反应	热化学反应	热化学反应
处理温度/℃	200~600	200~600	500~600	700~900	约1000
处理压力/133Pa	10^{-4}~10^{-3}	10^{-2}~10	50~760	50~760	50~760
密着性	△	◎	△	◎	◎
致密性	○	◎	△	△	△
附着性	△	○	◎	◎	◎
尺寸精度	◎	◎	◎	△	△
局部涂层	◎	◎	△	△	△
重物处理	△	◎	◎	◎	◎
工作环境	◎	◎	△	△	△
运行费用	◎	◎	△	△	△
预处理	钛涂层	不要	镍镀层	不要	不要

◎—高　○—较高　△——般

68 物理气相沉积（PVD）

利用物理效应产生一层金属薄膜。

除了真空沉积外，PVD 还包括离子镀和溅射。

看起来像黄金的镀金装饰

CD 表面、街道上的镜子、眼镜框、工具和模具——在我们周围，有很多很容易被误认为是黄金的装饰品。这要归功于 PVD，一种生产 Al、Ti 和 N 的化合物薄膜的技术。有三种类型的 PVD，下面介绍其中两种的原理。

（1）离子镀　如下页 [1] 中图 a 所示，当在高真空容器中施加直流电压，容器为阳极，工件为阴极时，工件周围出现辉光放电现象。要蒸发的金属，例如，高纯度的 Ti（称为靶材），用电子枪使其蒸发形成原子或分子。同时，气体被注入容器并在辉光放电中被电离，与 Ti 结合，在工件的表面形成一层薄膜。这是一种生成钛和铬的硬膜的有效方法。

（2）溅射　在高真空室中，通过 N 离子或 Ar 离子冲击高纯度的金属板（靶材），使其以原子或分子形式溅射出来。下页 [1] 中图 b 所示为其原理图。容器中的靶材为阴极，工件是阳极，当直流电压施加到容器中的靶材上时，靶材金属以原子或分子状态，被泵入容器的 N 离子或 Ar 离子击出。金属原子或分子在工件的表面上沉积，形成一层薄膜。因为电离的金属不会以块状喷出，所以形成了一层致密的薄膜。

目前，正在积极开发具有耐热性、耐蚀性和抗咬合性的新膜和多层膜。下页 [2] 所示为一个离子镀膜的特性的例子。

- **利用物理效应产生金属薄膜。**
- **真空沉积、离子镀、溅射。**

[1] 两种 PVD 方法的原理图

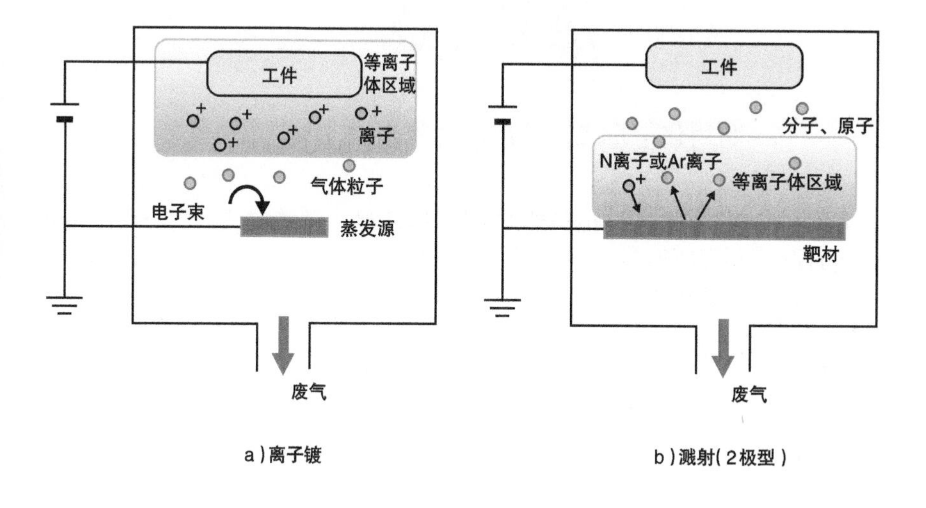

a）离子镀　　b）溅射（2极型）

[2] 通过 PVD 处理得到的薄膜特性示例

薄膜种类	色调	硬度HV	摩擦系数μ	耐蚀性	耐氧化性	耐磨性	抗咬合性	用途
TiN	金色	2000~2400	0.45	○	○	○	○	切削工具、模具、装饰品
ZrN	白金色	2000~2200	0.45	○	△	△	△	装饰品
CrN	银白色	2000~2200	0.30	◎	○	○	◎	机械零部件、模具
TiC	银白色	3200~3800	0.10	△	△	◎	○	切削工具
TiCN	紫色~灰色	3000~3500	0.15	△	△	◎	○	切削工具、模具
TiAlN	紫色~黑色	2300~2500	0.45	○	◎	○	○	切削工具、模具、装饰品
Al_2O_3	透明~灰色	2200~2400	0.15	○	◎	○	○	绝缘膜、功能膜
DLC	灰色~黑色	3000~5000	0.10	○	○	○	◎	切削工具、功能膜、模具

◎—高　○—较高　△—一般

化学气相沉积①——热CVD

利用化学反应，形成硬的涂层。

有两种 CVD 方法：一种是热 CVD，这是最常用的方法；另一种是等离子体 CVD。

首先介绍热 CVD

形成薄膜的成分气体被引入炉中，通过高温气体反应形成硬的薄膜。典型的薄膜包括 TiC、TiCN 和 TiN。例如，对于 TiN 薄膜，在下页 [1] 所示的设备中，使用 H_2 或 N_2 作为载气，使用 $TiCl_4$、CH_4 作为反应气体。处理温度约为 1000℃。下页 [2] 列出了热 CVD 的反应方程。

由于 Ti 是一种非常活跃的金属，很容易在高温下与气体反应，形成 TiN。通过改变反应气体，可以形成各种类型的薄膜。CVD 处理的特点是：①由于高温气体反应，有良好的薄膜附着力；②即使在复杂的形状上，气体也能到达各个部位，无死角地均匀形成薄膜；③由于高温反应，表面处理略显粗糙。

在热 CVD 和后续热处理过程中，应考虑以下几点。

①材质：常应用于模具，其材料的成分（质量分数）至少应该是 C0.6% 以上，Cr1.5% 以上，W 或 Mo1.0% 以上；②表面粗糙度：处理前的表面粗糙度值越小，薄膜的附着力越好，模具寿命越长；③防止脱碳措施：因为是高温处理，根据基体的碳含量可能出现脱碳，对于 TiN 薄膜，在基底可先生成 TiC 以防止脱碳；④热处理温度、保温时间、回火温度和时间应根据预期用途和材料的碳化物成分谨慎选择；⑤如果在热 CVD 处理前进行淬火和高温回火，就有可能减少工件的变形。典型 CVD 薄膜的特性见下页 [3]。

- **通过改变反应气体可以形成各种类型的薄膜。**
- **温度约 1000℃。**
- **因为是高温处理，需注意变形。**

[1] 热 CVD 的设备和工艺

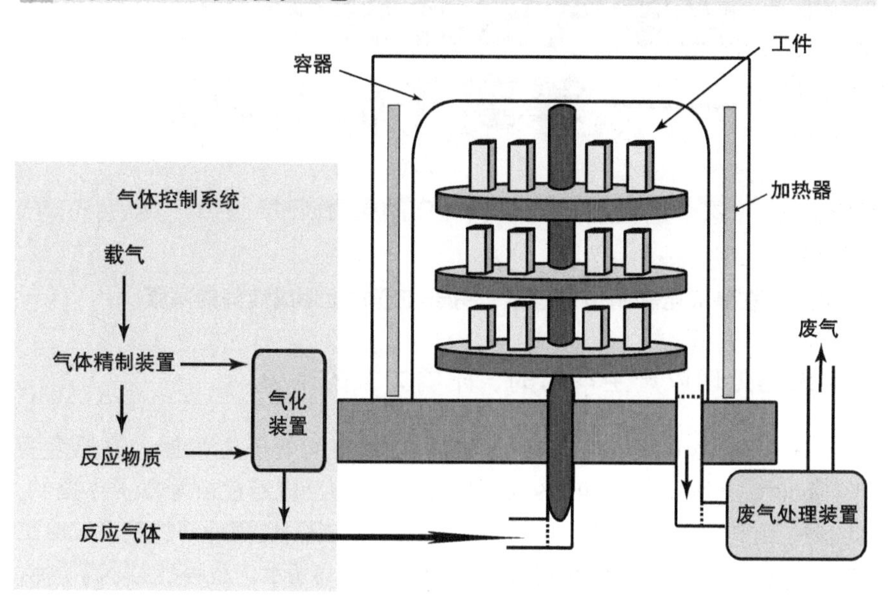

[2] 热 CVD 的反应方程

$$(1)\text{TiC: } TiCl_4 + CH_4 \xrightarrow{900\sim1100°C} TiC + 4HCl$$

$$(2)\text{TiN: } 4Fe+2TiCl_4+N_2 \xrightarrow{900\sim1080°C} 2TiN+4FeCl_2$$

[3] 典型 CVD 薄膜的特性

项目	碳化物	氮化物	碳氮化合物	氧化物
	TiC	TiN	TiCN	Al_2O_3
硬度 HV	3000~4000	1900~2400	2600~3200	2200~2600
熔点/℃	3160	2950	3050	2040
密度/(g/cm^3)	4.92	5.43	5.18	3.98
热膨胀系数/$℃^{-1}$ (200~400℃)	7.8×10^{-6}	8.3×10^{-6}	8.1×10^{-6}	7.7×10^{-6}
电阻(20℃)/Ω	8.5×10^{-5}	2.2×10^{-5}	5.0×10^{-5}	10^{14}
弹性模量/MPa	4.48×10^{4}	2.56×10^{4}	3.52×10^{4}	3.90×10^{4}
摩擦系数 μ	0.25	0.49	0.37	0.15
适合的厚度/μm	2~8	2~8	2~10	1~3

化学气相沉积②——等离子体CVD

这个过程是CVD和PVD的结合。

例如，在集成电路制造过程中，用于在基材上形成硅等的薄膜。

低温处理以产生均匀的、附着力强的薄膜

等离子体CVD（PCVD）使用与热CVD相同的反应气体，但温度为450 ~ 600℃，即与PVD相同的低温。低温下的反应能量由等离子体提供，因此这种工艺是CVD和PVD的结合。在处理炉中，使用外部加热系统对工件进行均匀加热，然后输入反应气体，如见下页[1]所示。然后产生等离子体，使反应气体电离并产生所需的硬膜。因为低温工艺允许在低于模具材料的回火温度下进行处理，所以反应气体和等离子体即使在复杂的形状上也能形成均匀且附着力强的薄膜。薄膜的厚度为2~5μm，与PVD和热CVD相同。典型PCVD薄膜的特性见下页[3]。

在对模具进行PCVD处理时，应考虑以下几点：①模具需采用硬质材料，如果基底材料太软，就无法达到效果；②应充分了解前期的处理情况，淬火和回火条件，特别是回火，应充分了解，否则可能产生变形；③表面越致密，附着力越好，模具寿命越长；④薄膜越厚，应力积累越多，越容易脱落，所以建议厚度为2~5μm。

接下来，让我们来看看PCVD处理在模具上应用的特点：①薄膜具有良好的附着力；②由于不是高温反应，所以工件表面光洁；③变形小；④由于利用外部气体加热，炉内成膜的变化很小；⑤通过切换反应气体，很容易形成各种薄膜。

- **温度低至450~600℃。**
- **即使在复杂的形状上也有良好的薄膜附着力。**
- **了解待加工产品的前期处理条件很重要。**

[1] 等离子体 CVD（PCVD）装置的示意图

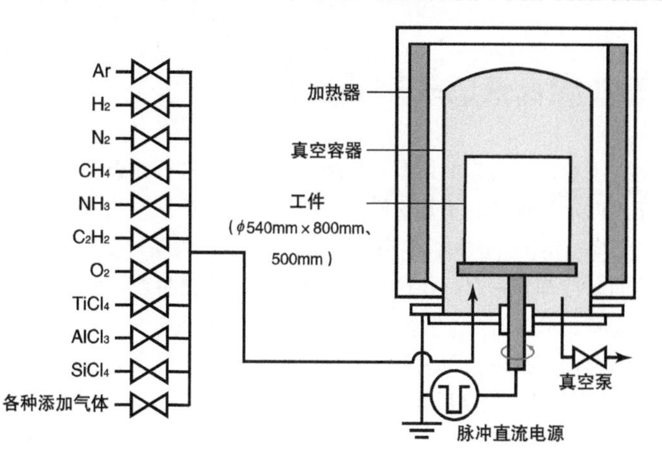

[2] PCVD 的应用示例

- 铝压铸模具
- 铝挤压模具
- 铝制挤塑模具
- 冷锻模具
- 镁合金压铸模具
- 锌压铸模具
- 塑料模具
- 各种工程塑料模具

[3] 典型 PCVD 薄膜的特性

项目	TiN	TiAlCN	TiAlON	TiAlSiCNO	DLC
处理温度/℃	450～550	450～550	450～550	450～550	≤200
硬度 HV	2000～2300	2300～4000	1400～2300	1500～5000	1000～5000
颜色	金色	紫色～灰色	黑色	紫色～黑色	黑色
膜构造	单层	多层、倾斜组成层	多层、倾斜组成层	多层、倾斜组成层（纳米构造）	（非晶体）
最高使用温度/℃	600	750～800	850	750～1000	450
膜厚/μm	1～5	1～5	1～5	1～5	0.1～10
摩擦系数 μ	0.1～0.5	0.1～0.5	0.1～0.5	0.1～0.5	0.02～0.2

小专栏

热处理设备的维护和检查

在室温下使用的机床如果发生故障，可以立即进行检查和维修，但在高温下使用的热处理炉却不是这样的。如果热处理炉发生故障，需要等待温度从高温降至室温。例如，如果使用930℃的气体渗碳炉，加热室需要两整天的时间来冷却到室温。在这段时间内，只能停止生产。由此可见防止出现故障是多么重要。

为了防止出现故障，每天都会进行维护和检查。一家专门从事热处理生产公司的总经理每天凌晨4点，在没有环境噪声的情况下站在工厂里，通过声音、气味和振动来检查热处理炉的“健康状况”。在热处理炉的加热室中，有一个搅拌器，以确保均匀的气体循环，在搅拌器的旋转部分使用轴承（支持旋转或往复轴的机械部件）。轴承是水冷的，以保护轴承不受热影响，但如果冷却管被堵塞，水停止流动，轴承就会卡住，搅拌器的性能就会恶化。这将导致搅拌器失去平衡，使炉子摇晃，从而损坏炉子的砖块，使正在处理的工件无法取出。一组轴承并不昂贵，但如果发生事故，损失将是巨大的。该公司的总经理每天凌晨4点检查炉子，因为他相信可以在异常情况发生之前发现问题。在这家公司，通常在3年左右就需要更换的零件可以使用10年左右，而且炉子没有发生过重大事故。这是一个宝贵的事例，说明了日常维护和检查的重要性。

对热处理设备进行的定期检查有很多，以下是3个关键点。

（1）定期更换热电偶　热电偶是温度控制中最重要的元素。对于高温渗碳炉，应每六个月更换一次，对于低温回火炉，应每年更换一次。

（2）测量温度分布　如果加热室的温度不均匀，产品的质量就会有差异。JIS规定了测量方法，需要每年测量一次。

（3）温度显示仪的检查　温度显示仪和热电偶的校正，需每年一次，以确保仪器的精度。

除此以外，还有其他各种检查，如每日、每周和每月的各种检查。请大家像前面提到的总经理一样，努力提高听声辨位的敏感度，维护工厂不发生事故。

热处理质量检测和常遇到的问题

有备无患。质量检测是质量控制过程的一个重要组成部分，以确保钢铁等材料经过适当的热处理，达到预期的效果。对于质量控制，即使我们认为已经控制了一切，但问题有时仍然可能发生。

本章介绍不同类型的热处理质量检测及其目的和方法，以及热处理中容易出现的问题和解决措施。

什么是质量检测?

根据需要用测量结果保证产品的质量。

检查产品是否符合标准并满足客户的要求。

各种不同目的的测试

在汽车和机器制造中，最重要的因素是力学性能，这些力学性能通过拉伸试验、硬度试验、冲击试验和疲劳试验来测试。此外，根据化学成分和热处理而变化的组织，对力学性能有很大的影响，这一点要通过显微镜进行组织检测。

1）在拉伸试验中，圆棒或圆板试样在轴向被逐渐拉伸，以测定其屈服强度、抗拉强度、伸长率和断面收缩率。

2）在硬度测试中，目前最常用的是维氏、洛氏、肖氏和布氏硬度计。材料的大致力学性能可以通过其硬度来确定，而且硬度还与耐磨性有关。

3）在冲击试验中，一些具有相同抗拉强度的材料在受到冲击（快速施加的载荷）时，有的更容易断裂，而有的则不容易断裂。冲击吸收能量代表材料的冲击韧性，冲击吸收能量越高，材料的冲击韧性越大。

4）在疲劳试验中，材料要承受不断变化方向的力，即使力很小，也可能导致材料失效。为了测定疲劳强度，需要模拟同样的场景。

5）用显微镜进行组织检测是为了确定材料的晶粒状态，晶体中的杂质、裂纹和其他缺陷的分布，以及热处理是否合格。

- **质量检测对于质量控制和质量保证是必要的。**
- **适用于检测各种力学性能的各种试验。**
- **用显微镜观察检测组织。**

什么是质量检测?

项目	材料试验	组织检测	无损检测
试验分类	拉伸试验、压缩试验、弯曲试验、扭转试验、冲击试验、疲劳试验、磨损试验	微观组织检测[显微组织测试、晶粒测试(奥氏体、铁素体)]	射线检测 超声检测 磁粉检测 涡流检测 渗透检测
	硬度试验(维氏、洛氏、肖氏和布氏硬度试验)	宏观组织检测(硬度深度测试、简易材质识别)	
主要的试验机、试验装置示例	万能试验机	金相显微镜	超声检测仪示例

通过质量检测，确定材料是否达到标准，是否达到客户要求。

什么是硬度测试？

测量外部或切割后测量内部。

退火变软，淬火变硬——这种软和硬的基准是什么？

有四种方法

从外观上看，并不总是很容易分辨出一个产品是否经过热处理。评估热处理产品质量的一种方法是硬度测试，可以通过测量外部或切割后测量内部来进行。

硬度的定义是：物体在受到挤压变形时表现出的抵抗程度，但这太模糊了。下面具体地进行介绍。

主要有四种硬度测试方法：①布氏硬度测试；②洛氏硬度测试；③维氏硬度测试；④肖氏硬度测试。下页 [2] 所示为各种硬度试验机。

1）在布氏硬度测试中，用一个硬质合金球，以试验力（载荷）压在测试表面上，之后在放大镜下测量产生压痕的直径，再据此从换算表中得到一个硬度值。

2）在洛氏硬度测试中，将金刚石压头或钢球压在测试表面，并测定压痕的深度确定硬度。根据试验力的不同，有各种硬度符号。

3）维氏硬度测试是通过将面角为 136° 的金刚石压头压在测试表面，测量压痕的对角线长度来进行的。

4）肖氏硬度测试与上述三种方法截然不同，它是基于弹性的，通过金刚石尖头圆柱体下落到测试面后的回弹高度来测量硬度。

测量的方法是根据热处理方法、材料的加工状态和尺寸来选择的。下页 [1] 的表格中列出了各种热处理产品的硬度测试方法。

- **有四种硬度测试的方法。**
- **测量外部或切割后测量内部。**
- **选择适合检测目的的测试方法。**

[1] 各种热处理产品的硬度测试

热处理产品	硬度测试
正火、退火、固溶处理的钢棒、板材，淬火回火的结构钢	布氏硬度测试
淬火回火的各种钢	洛氏硬度测试
表面硬化（渗碳、渗氮、高频感应淬火）零部件，成膜零部件	维氏硬度测试
大型零部件	肖氏硬度测试

[2] 硬度试验机

a）

布氏硬度试验机

b）

洛氏硬度试验机

c）

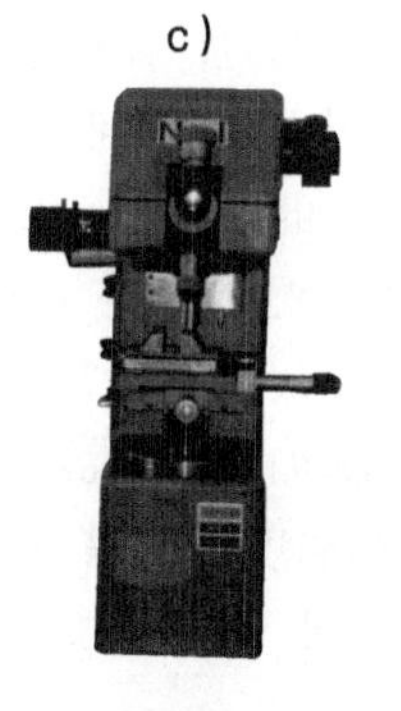

维氏硬度试验机

d）

肖氏硬度试验机

根据热处理方法、材料的加工状态和尺寸来选择合适的硬度测试方法。

测试材料的强度

对外力抵抗程度的量化。

一种材料的强度是对其能够承受外力程度的数字衡量。

拉伸试验、蠕变试验

材料会受到各种外力的影响，有必要确定它们能够承受外力的程度。所采用的试验包括拉伸、冲击、压缩、疲劳和蠕变试验。

在拉伸试验中，逐渐对材料施加一个拉伸力，同时测量所施加的力和变形量之间的关系，从而可以测定屈服强度、抗拉强度、伸长率等，还可以根据需要测定弹性极限、比例极限、弹性系数和应力 - 应变曲线，见下页 [1]。

在冲击试验中，试样被一个钟摆状的冲击锤击碎，见下页 [2]，材料的冲击吸收能量由击碎试样所需的能量决定。冲击吸收能量越高，材料的韧性就越大。

在压缩试验中，像铸铁这样的脆性材料的抗压强度被认为是，材料没有发生变形和开裂的最大应力，而像低碳钢这样的伸长率高的材料的抗压强度被认为是其屈服强度，因为它很难断裂。

即使施加在材料上的力很小，但当受到重复的力时，也会破损，这称为材料疲劳。*S-N* 曲线显示了循环应力 *S* 和循环次数 *N* 之间的关系，从这个曲线可以确定疲劳极限和持久强度，它们的总称是疲劳强度。蠕变是指在恒定的高温下对一个测试件施加恒定的测试力时发生的应变。就钢铁材料而言，蠕变发生在 400℃以上的温度，而锅炉和化学设备等使用的材料还需要考虑在使用过程中持续受到较低水平的应力。

- **强度是材料能够承受的外力的程度。**
- **拉伸试验、冲击试验、蠕变试验。**
- **承受反复的力时发生破损的疲劳。**

[1] 通过拉伸试验测试得到的应力－应变曲线示例

测试前的拉伸试样

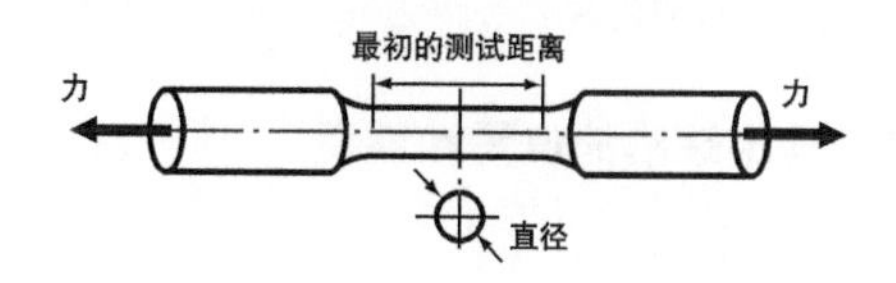

拉断后的拉伸试样

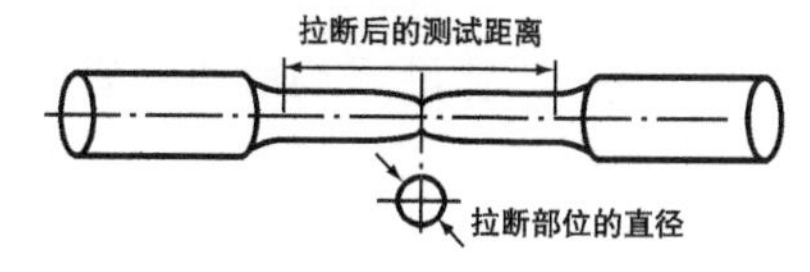

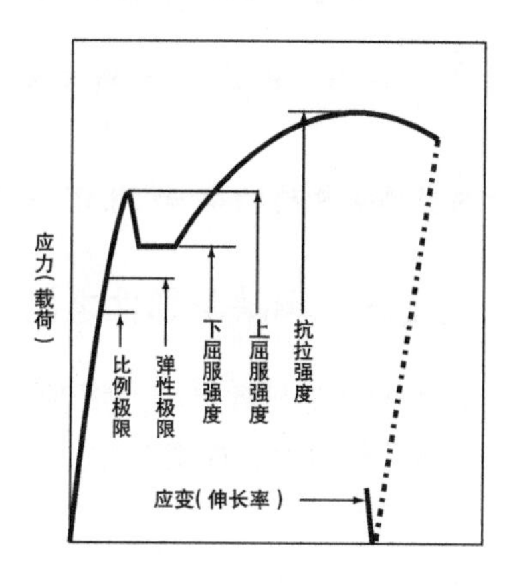

应力－应变曲线（典型曲线）

[2] 冲击试验

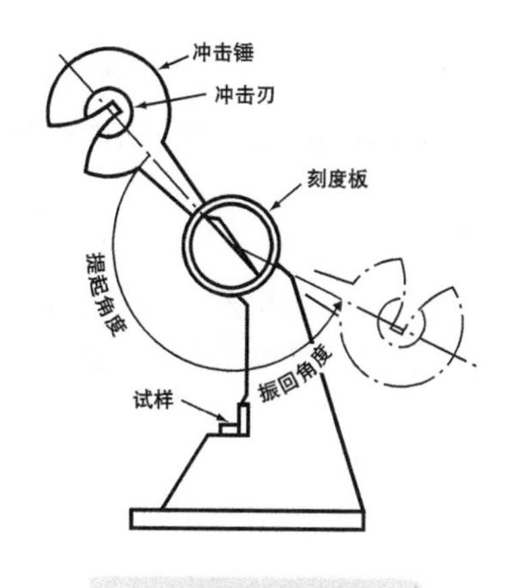

夏比冲击试验

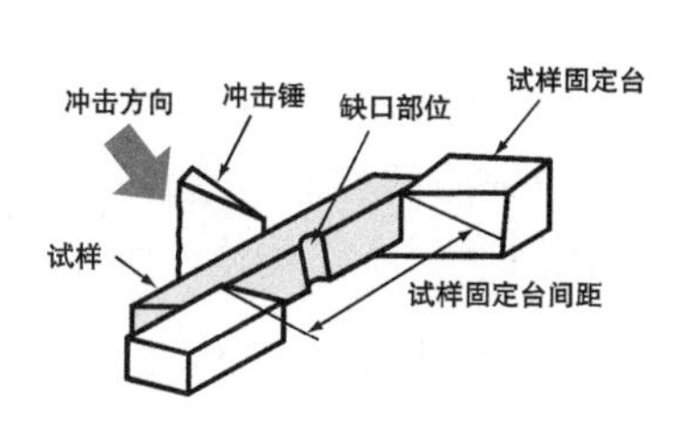

冲击试样

什么是无损检测?

在不毁坏产品的情况下测试缺陷。

无损检测利用材料物理性能的变化来确定缺陷的位置和性质。

查看正常和缺陷部件之间的差别

材料中的缺陷导致材料的物理性能发生变化。这些物理性能的变化可以用来确定缺陷的位置和性质。

（1）渗透检测　将被测物浸泡在渗透剂溶液中，让渗透剂渗透到表面缺陷中，之后将被测物从溶液中取出清洗后，将显影液均匀地涂在上面。显影剂与已经渗入缺陷的渗透剂发生反应，从而定位缺陷。这种方法也可用于非磁性材料，如轻合金。

（2）磁粉检测　这是一种通过吸引和附着磁粉到材料的缺陷部位来检测缺陷的位置和大小的方法。这种方法可以有效地检测出在表面或接近表面的缺陷、淬火裂纹等。然而，磁粉检测不能用于非强磁化的材料，如奥氏体不锈钢和非铁合金。

（3）射线检测　在这个测试中，测试件被X射线或 γ 射线等放射线穿透，利用穿透缺陷部分的放射线强度与穿透正常部分的放射线强度不同来检测缺陷的位置和大小。

（4）超声检测　这是一种通过比较透过超声波和内部缺陷反射超声波的强度来定位缺陷的方法。这种检测方法高度敏感，可以检测到微小的缺陷。它也可以用来测试大型物体，而且测试设备小，测试快且可以自动测试。

- **对产品进行无损检测，在不破坏产品的情况下检查缺陷。**
- **利用物理性能的变化。**
- **有些材料适合无损检测，有些不适合无损检测。**

[1] 渗透检测的原理

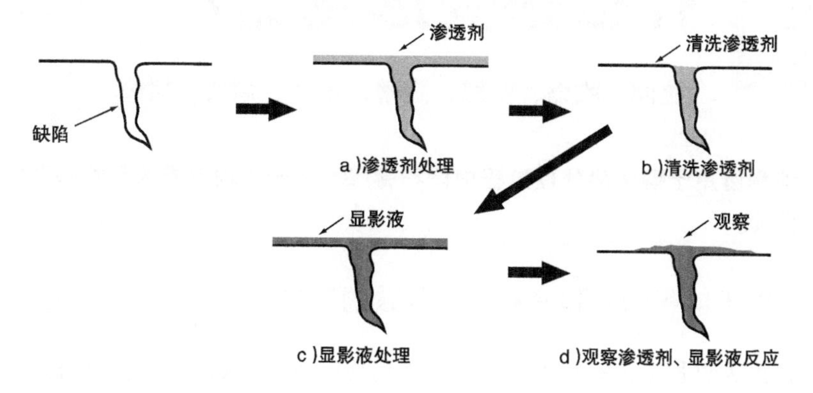

[2] 磁粉检测的原理

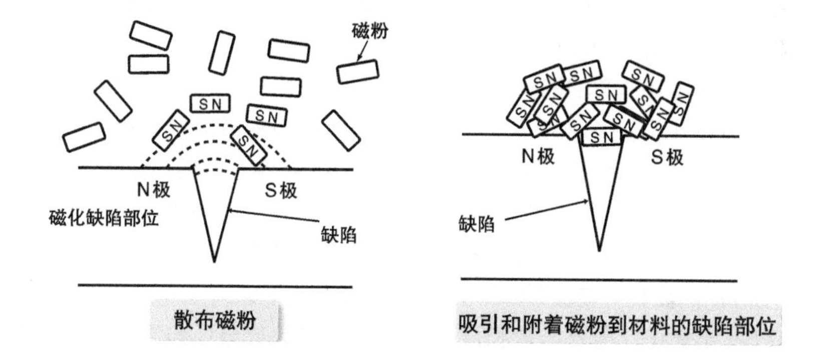

[3] 射线检测的原理

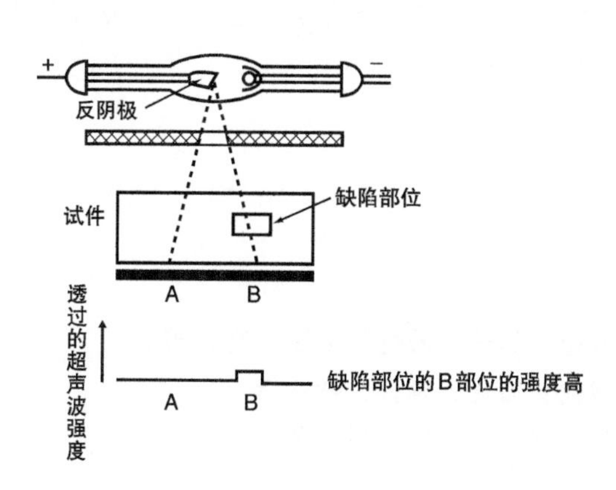

75 什么是变形测量?

拉伸、收缩、变厚、变薄、弯曲、翘曲、扭曲。

该测量用于确定热处理过程中体积膨胀和冷却不均造成的尺寸和形状变化的程度。

由于体积膨胀和冷却不均导致的变形

在淬火过程中，钢经历了从奥氏体到马氏体的转变，由于热处理过程中体积膨胀和冷却不均，导致变形。

广义的变形有两种类型：尺寸变化，如拉伸、收缩、增厚和变薄；形状变化，如弯曲、翘曲和扭曲。前者称为变寸，后者称为变形。

以形状相对简单的轴的摆动为例，轴的中心孔用支撑架固定，一边转动一边用千分表测量连接轴两端的中心线和轴面之间的最大和最小距离。两者之间的差异表示为摆动量（mm）。测量位置为纵向各点上摆动量最大的位置。如果轴没有中心孔，则用 V 形块支撑，如下页 [1] 中左图所示。

还应考虑到，因为千分表使用齿轮作为放大机构，千分表的位置或测量元件运动方向的变化可能会导致一定程度的误差。

针对尺寸变化，需要测量长度，可采用卡尺、千分尺和高度计等进行测量。这是一种直接测量方法，使用带有高精度标准刻度的测量仪器。

还有一些比较测量的方法，如表盘量具、电动千分尺、空气千分尺等。在这些方法中，数值与另一个标准值进行比较，并从差值中读出结果。一般使用块状量具作为参考刻度。

- **尺寸变化：拉伸、收缩、变厚、变薄等。**
- **形状变化：弯曲、翘曲、扭曲等。**
- **针对尺寸变化，需要测量长度。**

[1] 轴的变形示例

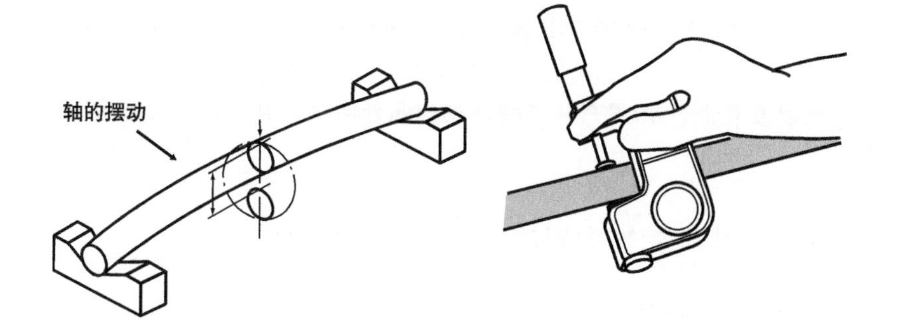

轴的变形　　使用千分尺进行测量

[2] 测量仪器示例

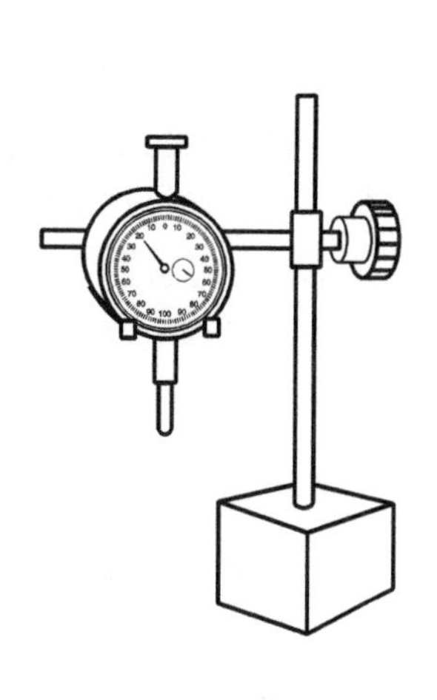

千分表

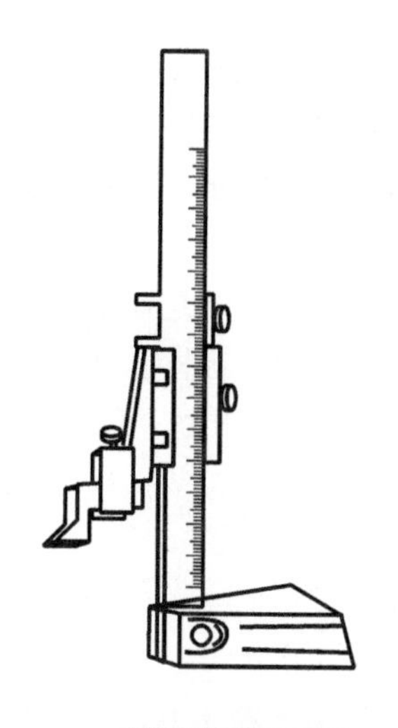

高度计

热处理问题的类型

即使有严格的质量控制，也可能发生问题。

当问题发生时，必须充分了解现象，调查原因，并采取措施以防止问题再次发生。

为了防止发生重大事故

使得热处理如此难以理解的原因之一是，单从外观几乎不可能看出一个零件是否经过热处理。

调质件和表面硬化件，对硬度、强度和耐磨性都有相关要求，而且其中大部分是关键的、涉及安全的零部件。因此，其质量必须严格控制。例如，如果哪怕是只有一个未经处理的零件混在一批经过处理的零件中，如果它被传递到后续的工序中，就可能导致严重事故。这是绝对不应该发生的。然而，从冶炼到零件的加工，钢经历了许多过程，每个过程都引起或多或少的差异，如加工应力、成分变化、不规范的组织和不均匀的晶粒，所以严格来说没有两个完全相同的零件。

在热处理过程中，对热处理方法进行标准化，对热处理设备进行维护，对热处理后的产品进行精度检测，最后对通过检测的产品进行发货。然而，即使做到以上这些，也还是会出现各种问题。下页的表格列出了热处理问题的主要类型和特点。重要的是要了解现象，调查原因并采取措施防止问题再次发生。要了解这是什么样的问题，在什么情况下发生，以及问题发生时采取了什么措施。这将有助于我们防患于未然。从下一节开始，将介绍主要问题：脱碳、淬火开裂、变形、晶界氧化和磨裂。

- **为了防止问题再次发生，必须了解在什么情况下发生了什么样的问题，以及采取了什么措施。**

热处理问题的主要类型和特点

分类	现象	特征	备注
一般热处理	氧化	加热时，钢铁和空气中的氧气发生反应生成氧化铁的现象。生成的薄膜称为氧化皮	
	脱碳	和氧气等氧化性气体反应导致钢材中的碳含量变少的现象	77节
	增碳	与脱碳相反，钢材与渗碳性气体反应，导致碳含量增多，也称为浅层增碳	
	晶粒粗大	把多晶体加热到高温时产生的晶粒变大的现象	
	过热	加热到规定温度以上，形成魏氏组织	
	淬火弯曲	由热应力与相变应力引起的淬火产品的翘起现象	79节
	软区域	局部的淬火不充分，引起的部分区域软化的现象，是由脱碳、冷却不均一、氧化皮等原因造成的	
	硬度不足	淬火时，整体硬度不足的现象	
	淬火开裂	淬火时产生的开裂	78节
	放置开裂	常温下放置引起的开裂。淬火后回火前的放置，尤其容易出现放置开裂	
	回火脆性	出现在淬火回火材料中的现象，尤其发生在高温回火（450～550℃）时。发生在300～350℃回火时的脆性称为低温回火脆性	
	磨削裂纹	钢铁在淬火后的状态下，或者低温回火后，由于磨削热引起的回火产生收缩，进而引起的开裂现象	81节
渗碳、碳氮共渗	晶界氧化	在渗碳气氛中加热，Cr、Mn、Si、Al等合金元素被氧化，引起淬透性降低，微细珠光体析出，进而出现晶界氧化现象	80节
	气孔	渗碳、碳氮共渗时，在NH_3等气体添加量过多的情况下，渗入的气体脱离表面产生的气孔	
	过渗碳	渗碳时表面碳的质量分数为0.75%～0.85%时，出现网状碳化物的现象	
	残留奥氏体	高温下存在的奥氏体在淬火时没有完全转变为马氏体，出现的一部分残留的现象	37节
	渗碳深度不足	渗碳淬火回火后，得到的有效渗碳层深度不足的现象	
渗氮、氮碳共渗	气孔层	在盐浴氮碳共渗和气体氮碳共渗中容易出现。渗氮过程中，在化合物层的表面附近，渗入的氮从钢中脱离后形成的气孔	
	化合物层深度不足（渗氮不均匀）	渗氮，氮碳共渗时，在正常处理的情况下出现的化合物层深度不足的现象	
	剥离	通过渗氮或氮碳共渗形成的化合物层，在零件使用过程中出现剥离的现象	
	尺寸变化	通过渗氮或氮碳共渗形成的化合物层，导致的零件内径、外径、长度等尺寸变化	
	表面着色不均匀	正常情况下，渗氮或氮碳共渗形成的化合物层呈明灰色或银色。由于某些原因，局部呈青色，或出现黑色的斑点等颜色不均匀的现象	
	生锈	渗氮或氮碳共渗后，黑色的斑点部位生锈的现象	
高频感应淬火	熔损	加热部分温度过高导致表面熔化烧损	
	淬火开裂	在使用水或水溶液作淬火冷却介质剂时易产生开裂现象	
	硬化不均匀	加热不均匀或冷却不均匀导致的部分硬化不良的现象	

问题的例子① ——脱碳

钢铁产品表面的碳缺乏现象。

脱碳是指与基体的碳含量相比，表面的碳含量降低。

可能成为淬火不均匀或变形的原因

发生脱碳时，不但淬火后硬度低，而且会引起残余拉应力，从而导致疲劳强度下降。它还可能导致不均匀的硬化、变形和开裂等问题。

脱碳的原因，如下页 [1] 中公式所示，是加热到奥氏体的钢表面与氧化性气体（O_2、CO_2、H_2O）的反应，使钢失去固溶的碳，导致表面碳含量低于基体。因此，在空气中高温加热钢材时，一定会出现脱碳，加热时间越长，脱碳层就越深。即使钢在中性气体中加热，N_2 中含有的少量 O_2 和 H_2O 也会导致表面的浅层脱碳。即使是在渗碳气氛（CO、H_2）中加热也是不“安全”的，如果气氛中的碳含量低于材料中的碳含量，也会发生脱碳现象，见下页 [2]。

如上所述，一些由脱碳引起的问题、事故需要注意。检查表面脱碳主要有以下方法：①用维氏硬度计测量表面硬度，试验力约为 0.98N（100gf）；②测量从表面到内部的断面硬度分布，非脱碳部位的硬度与脱碳部位的硬度之差应在 30HV 以内；③ 观察组织；④ 化学分析。应对措施是，不要在空气中长时间加热。如果表面有氧化皮，应保持这个状态，因为氧化皮能减少表面与氧化性气体的接触。在可控气氛中加热时，适当控制气氛很重要。再次添加碳到脱碳部位，称为复碳，但这需要更长的时间，比正常渗碳更困难。

- **脱碳是指钢铁产品表面缺少碳。**
- **导致硬化不均匀、变形和开裂。**
- **在空气中加热时，注意不要加热太长时间。**

[1] 什么是脱碳?

$$[Fe-C]_\gamma + CO_2 \rightarrow [Fe]_\gamma + 2CO$$

$$[Fe-C]_\gamma + H_2O \rightarrow [Fe]_\gamma + H_2 + CO$$

$$2[Fe-C]_\gamma + O_2 \rightarrow 2[Fe]_\gamma + 2CO$$

[2] 脱碳层

发生脱碳，导致疲劳强度下降，不均匀的硬化，以及变形和开裂。

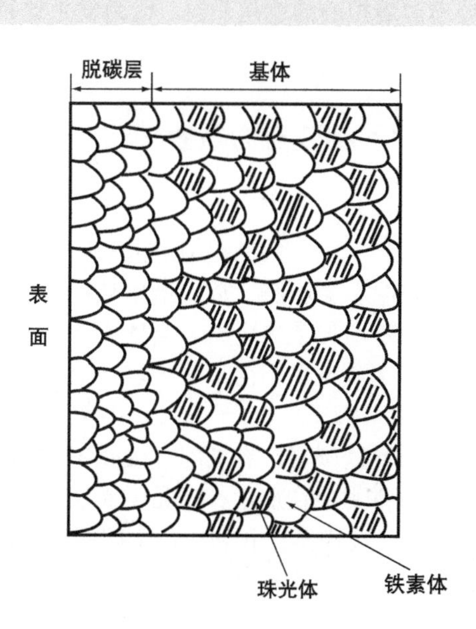

[3] 通过硬度分布曲线显示脱碳的情况

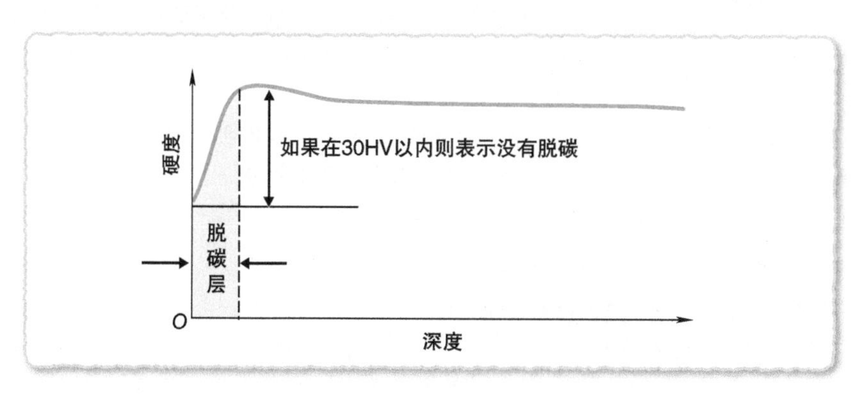

78 问题的例子②——淬火开裂

伴随淬火发生的“致命”的缺陷之一。

热处理时最担心的就是开裂。因为发生这种情况时，产品完全不能使用，必须废弃。

热应力和相变应力重叠……

无论是一般淬火还是高频感应淬火，防止开裂都是最值得关注的问题。正如下一节关于变形因素的说明那样，开裂是由各种因素的组合造成的。

当钢加热时，会膨胀，从而产生热应力。当迅速冷却时，其经历了快速收缩，这进一步增加了热应力。当奥氏体转变为马氏体时，会发生膨胀，此时热应力和相变应力在钢内部叠加。当这些应力超过材料的抗拉强度时，就会出现裂纹。

如果表面有脱碳层，有缺陷或硬化不均匀，或在靠近表面的内部矿渣或夹杂物，应力将集中在那里，产品将无法承受这些应力，导致开裂。工件的形状也是一个主要因素。孔和周边之间的壁极薄，或轴上的过渡区为直角时，都会导致裂纹的产生。

应采取的措施如下：①避免表面脱碳和尖锐划痕；②消除由不均匀的加热和冷却引起的不均匀相变膨胀；③使过渡区呈钝角；④加快在珠光体相变点附近的冷却速度；⑤尽量减少加热和保温时间；⑥避免过渗碳；⑦淬火和回火的间隔时间不要太长；⑧淬火后不要长时间回火，如不可避免，应在正式回火前，在 100℃进行模拟回火。

在寒冷天气和寒冷地区进行高频感应淬火时，还必须对淬火后的工件进行保温，使其不致过冷，并利用其自身热量进行模拟回火。

- **开裂是“致命”缺陷之一。**
- **开裂是由多种因素共同造成的。**
- **要避免应力集中。**

解决问题的措施

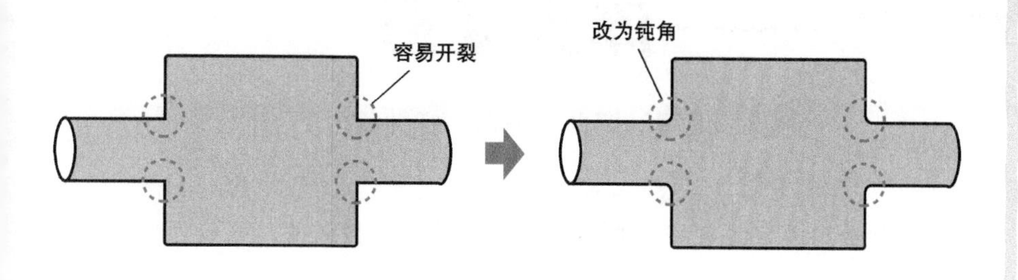

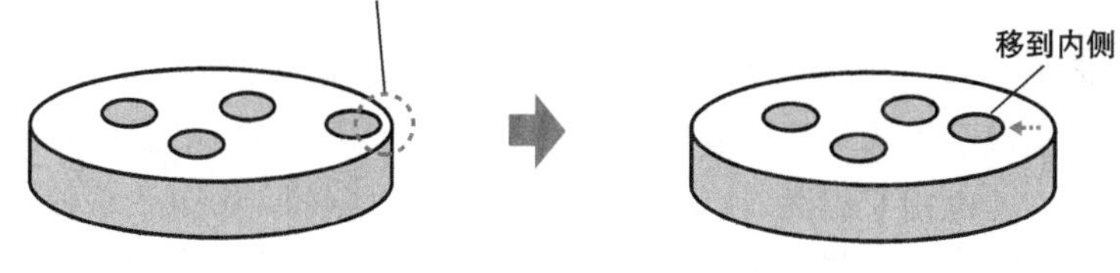

孔和周边之间的壁极薄，或轴上的过渡区为直角时，都会导致裂纹的产生。将孔移到内侧，使过渡区呈钝角是有效的措施。

问题的例子③——淬火变形

伸长、缩短、弯曲、翘曲、扭曲等。

变形是由淬火过程中不可避免的膨胀相变所导致的，只要淬火就一定出现。

有可能减少

当钢加热到奥氏体状态，或过共析钢加热到奥氏体加碳化物的状态时，会出现在室温下无法想象的各种问题的叠加，如高于再结晶温度时的加工应力的释放，通过相变温度时产生的收缩，以及加热过程中由于钢的自重而产生的变形。在这样的状态下，由于淬火而发生膨胀和非扩散相变，产生马氏体组织引起变形。在形状更复杂的情况下，会出现不同部位冷却速度的变化，这是变形的主要原因。

下页所示为带有键槽的圆棒在淬火时的膨胀变化。起初，键槽的反面，即蒸汽膜更有可能破裂的地方，首先被淬火，并膨胀和变形。然而，当键槽处的蒸汽膜破裂时，因为键槽侧壁厚较薄，膨胀相变率高，翘曲也随之逆转。

变形是各种应力和相变的综合结果，所以不可能将变形减少到零。为了减少变形，可采取以下措施：①在淬火前进行去应力退火；②安装保护板，避免被加热源直接加热；③采取措施，减少工件放在夹具上时因自重引起的变形；④安装冷却介质流动的导向装置，确保冷却介质的均匀作用；⑤尽可能缩短加热时间；⑥放置工件时，不要让工件相互接触或重叠；⑦覆盖工件的薄壁或细长部分；⑧在平面夹具上放置工件时，确保夹具平面的平行度。

- **变形是淬火时不可避免的现象。**
- **零变形是不可能的，但减少变形是可能的。**
- **根据热处理方法和工件来选择防止变形的措施。**

圆棒在淬火时的膨胀

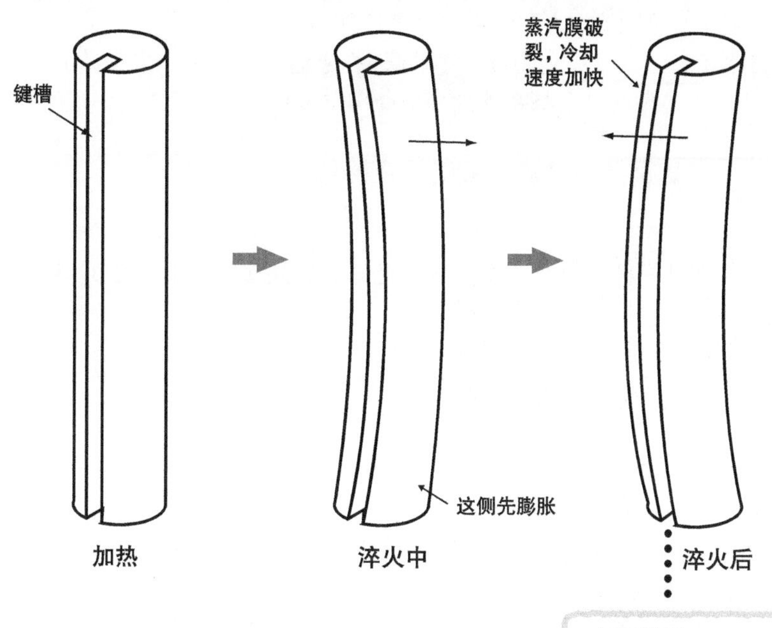

例如，在回转齿轮轴的内侧必须有键槽。这里以S45C的圆棒为例。

根据零件形状和尺寸分析变形的原因。

80 问题的例子④——晶界氧化

表面层的硬度和疲劳强度降低。

晶界氧化是一种金属产品表面层的晶界被热处理气氛中的 CO_2 等所氧化的现象。

与氧化性气体发生反应

通过对气体渗碳和回火的表面硬化钢的表面附近组织观察，可以看到 10~20μm 厚度的黑色腐蚀不完全淬火层和位于晶界上的黑色条痕。这称为晶界氧化。不完全淬火层是细珠光体或贝氏体，晶界处的黑色条纹是氧化物，如下页 [2] 所示。造成这种现象的原因如下：

表面硬化钢含有 Cr、Mn 和 Si。这些元素往往会与气氛中存在的氧化性气体发生反应，如与 CO_2、H_2O 等发生反应，形成氧化物。这些氧化物形成在晶界。在这个过程中，Cr 也会被氧化。添加 Cr 的目的是为了提高淬透性。然而，当钢中固溶的 Cr 与氧化性气体反应（选择性氧化）形成氧化物时，钢中的固溶铬含量减少，零件的淬透性降低。其结果是形成不完全硬化的微细珠光体或贝氏体，降低了硬度。

如果使用带有晶界氧化层的零件，应力将集中在那里，疲劳强度将降低，零件可能会很快断裂。可以采取以下措施，提高渗碳件的疲劳强度：① 在淬火前 10min，向气氛中注入 NH_3，通过对钢材渗氮来改善淬透性，见下页 [3]；②用机械方法去除晶界氧化层，例如用喷丸，还可以提高表面的残余压应力。

- **晶界氧化是一个与渗碳和碳氮共渗相关的问题。**
- **具有晶界氧化层的零件有过早失效的风险。**
- **有一些措施可以提高渗碳件的疲劳强度。**

[1] 渗碳性气体中的氧含量（CO_2 与 CO 的体积比）对材料中 Cr 和 Mn 状态的影响

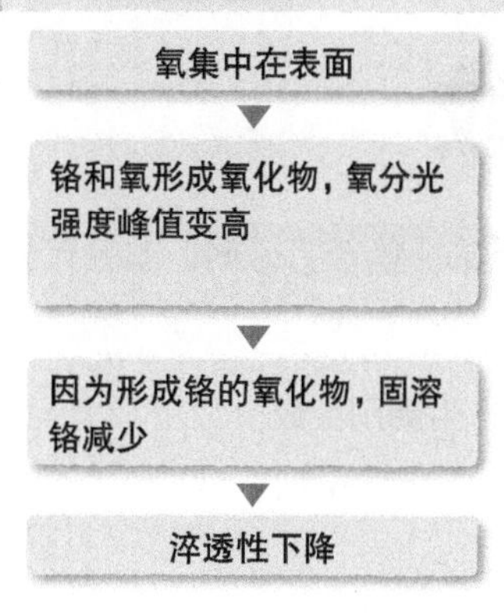

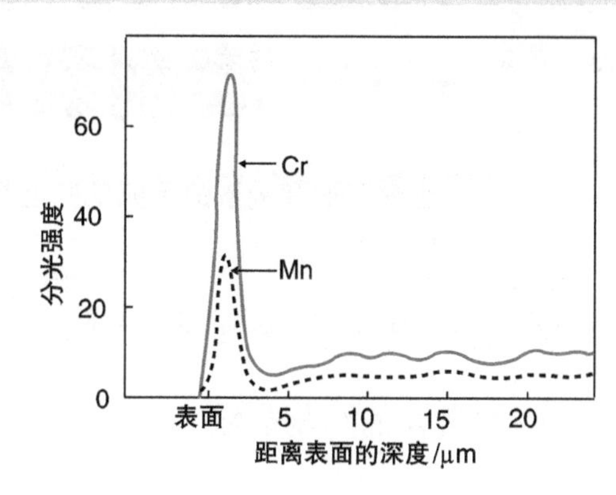

[2] 晶界氧化

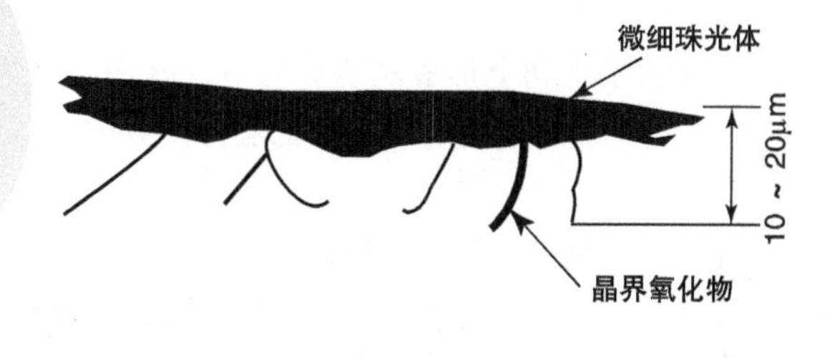

[3] 采取措施的热处理工艺示例

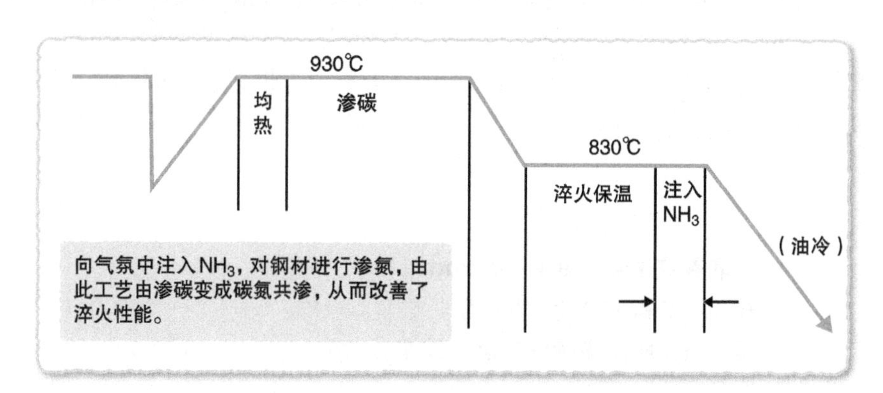

81 问题的例子⑤——磨削裂纹

当最表面和内部的膨胀部分之间的平衡被打破时，就会产生。

当淬火回火后的钢件在磨床上磨削时，会产生磨削裂纹。

两种类型的磨削裂纹

磨削产生的裂纹与淬火裂纹不同，磨削裂纹深度为 0.1~0.2mm，或与研磨方向成直角，或以马赛克图案的形状出现。

有两种类型的磨削裂纹：第 1 种磨削裂纹在垂直于研磨方向上出现，由约为 100℃的磨削热引起，如下页 [1] 中图 a 所示；第 2 种磨削裂纹在垂直于磨削方向和水平方向上形成马赛克图案，磨削温度约为 300℃，如下页 [1] 中图 b 所示。磨削所引起的材料表面的温度上升的具体值并不确切，一般认为是约 600℃。

为什么会出现裂纹呢？让我们看一下回火工艺图，见下页 [2]。在 100℃和 300℃，即发生磨削裂纹的位置，会出现从膨胀到突然收缩的情况。此时，被固溶在马氏体中的碳开始聚集或析出为碳化物。基体已经在低温下回火，因此组织是回火马氏体，维持着膨胀。如果最表面的温度再次提高到大约 100℃或 300℃，只有最表面部分的材料会收缩，这样会失去与内部膨胀部分的平衡。从而导致细纹开裂和马赛克图案状开裂。如果有大量的残留奥氏体，磨削热会首先将残留奥氏体转变为马氏体。然后由于上面提到碳的聚集或碳化物的析出引起收缩，造成与保持膨胀的马氏体之间的不平衡，这也会导致出现磨削裂纹。

解决办法是在 300℃左右回火，但这将降低硬度。另一个解决办法是减少残留奥氏体。

- **磨削裂纹深度为 0.1 ~ 0.2mm。**
- **在 100℃和 300℃左右产生。**
- **其中一个措施是减少残留奥氏体。**

[1] 什么是磨削开裂？

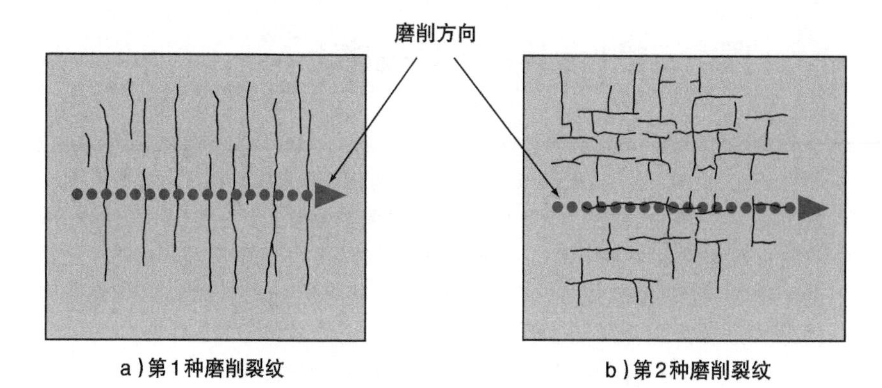

a）第1种磨削裂纹　　b）第2种磨削裂纹

- 裂纹深度为0.1~ 0.2mm
- 与研磨方向成直角，以马赛克图案的形状出现

[2] 共析钢的回火工艺图

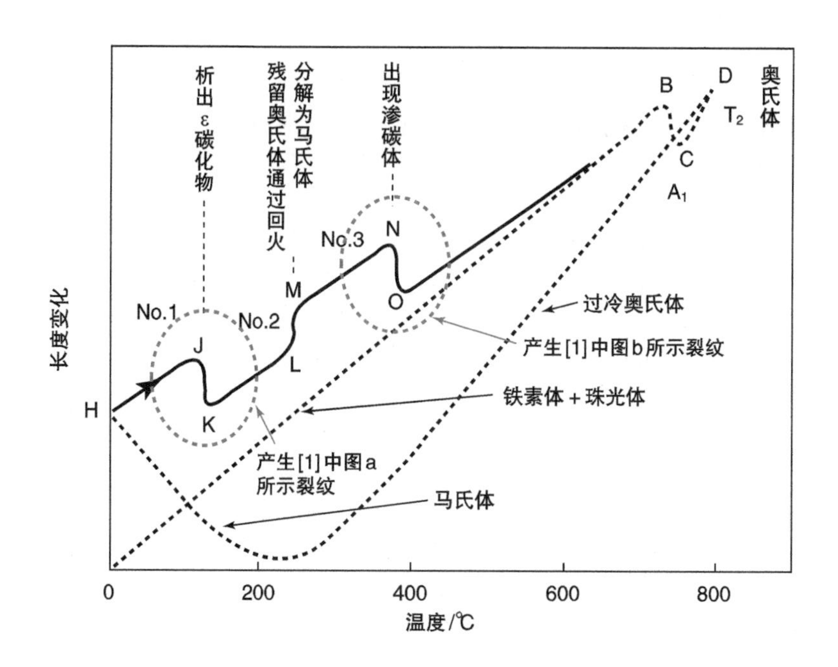

小专栏

国家资格【金属热处理技能士】

在这个经济困难的时期，许多公司和个人不仅仅只是在等待经济复苏，而且还在关注教育，以提高员工的技能。这对未来来说，非常有意义。佛教中有一个词叫“种智”。我也不是特别理解其深意，但用现代用语来说，它可以被描述为“数据库”。如果我们学习和吸收了很多东西，就能在头脑中建立一个数据库，这样当遇到问题时，就能受到数据库的启发去解决问题。

如果在学习过程中，恰巧正在学习热处理，那么应该尝试取得这个资格。金属热处理技能士资格是日本国家资格体系的一部分。技能检定由厚生劳动省管理，各县的职业能力开发协会有专门窗口。笔记考试在每年 8 月底举行，实践考试在 9 月初举行。通常在周日举行。由低到高分为 3 级到 1 级，每个级别都需要相应的工作年限。考试分为以下 3 个类别：①一般热处理；②渗碳、碳氮共渗和渗氮；③火焰淬火和高频感应淬火。根据各自的工作内容选择。考试分为，基础部分、专业部分，以及电工、机床、制图、健康和安全、环境问题和质量管理等一般常识。大约 70 分是合格线。

每年都会公布考试题。咨询当地的职业能力开发协会，或访问日本职业能力开发协会的网站就可以看到原题。希望大家能提高自己的技能，为制造业做出贡献。

热处理技术的未来

如今，热处理技术面临着哪些挑战，有哪些解决方案？在当今世界，要求制造是环境友好型的，热处理技术也不例外。

本章展望了热处理技术的未来，包括未来的挑战和技术发展的方向。

热处理中的节能措施

提高热效率和减少能源消耗的活动。

正在开发技术，以打破热处理的能源密集型形象。

日本开发的再生式燃烧器

环境问题是对人类生存的一个重大挑战。热处理、锻造、铸造等，这些都是制造过程中必不可少的，都会消耗大量的能源。热处理涉及将钢铁材料从室温开始加热，然后再次冷却到室温，这其中有大量的能量损失。

目前，电、气和重油被用作可控气氛炉的加热源（渗碳、渗氮、真空处理等）。当从排放方面比较热效率时，到目前为止最常见的电加热恰恰是三者中效率最低的，见下页 [1]。此外，在可控气氛热处理中实际上只使用了少量的气体，其中大部分作为废气烧掉了。

鉴于这种情况，热处理行业内领先的设备制造商和热处理技术公司正在共同努力，以节省能源和资源。其中之一是开发再生燃烧器，见下页 [2]，该项目被作为日本的一个国家项目加以推广。这是一种提高热效率的方法，通过使热废气在以气体为燃料的加热燃烧器中循环，利用其热量来预热燃料气体和空气。这是一项划时代的技术，起源于日本，现在正在全世界范围内推广使用。真空渗碳和离子渗碳技术也是用于节约资源和能源的技术。此外，正在开发的冷却技术，有望大幅减少渗碳时间。通过以上的技术开发，以摆脱热处理行业消耗大量能源的形象。

- **带有热废气再循环的再生燃烧器。**
- **内藏真空泵的可控气氛炉，以减少气体消耗。**
- **冷却技术的发展有望大大缩短渗碳时间。**

[1] 根据 CO_2 排放量比较各种热源的热效率

处理方法	电	13A 气体		重油
		散热燃烧器	再生燃烧器	
渗碳	100	58	36	80
淬火	100	56	36	77

[2] 再生燃烧器

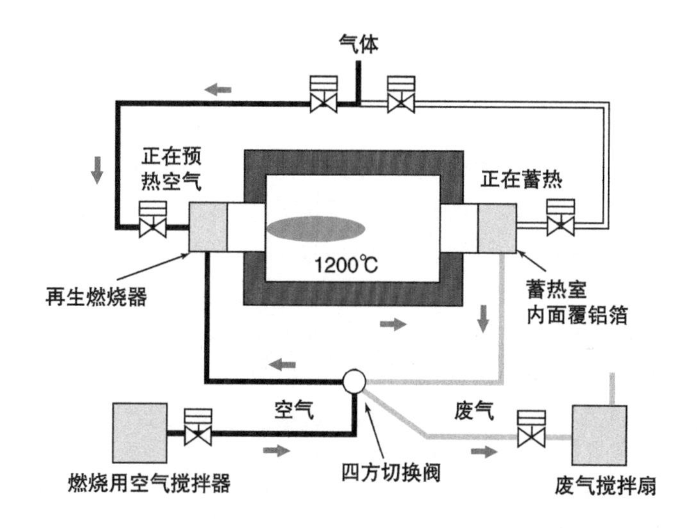

特色

1）效率高。

从炉中排出的废热被回收，用以超高温预热燃料气体和空气。

2）对环境好。

通过节能减少CO_2排放。

3）炉内温度分布均匀。

超高温预热燃烧带来的光焰效果，交替燃烧带来的炉内气氛的搅拌效果。

4）炉体构造简单化。

不需要高温烟筒和预热空气的管道。

有可能实现零淬火畸变吗？

接近这个目标，对节省资源、能源也有好处。

零淬火畸变是热处理技术开发中的一个长久以来的主题。

不可能达到零，但是可以接近

先说结论，不可能达到淬火或表面硬化的零畸变。淬火引起的马氏体相变是一种膨胀相变。因此，淬火效果越好，马氏体率越高，硬度提高越高，畸变也就越大。

淬火畸变有两种主要类型：一种是形状变化，如弯曲、扭曲或翘曲；另一种是尺寸变化，如变厚、变薄、变长和变短。

如果能达到零畸变，后期处理就会大大减少，既节省材料资源，也节省能源和减少环境污染。汽车、火车和工业机械的热处理零部件所引起的噪声也将被大幅消除，机械的使用寿命也将大大延长。

要实现这一目标需要什么？钢材在生产过程中和零件加工过程中会受到大量的应力（加工应力），当钢材加热到超过再结晶温度（约 550℃）时，这些应力会被释放出来。此外，淬火时加热和冷却不均匀也是一个主要因素。

虽然淬火畸变是不可避免的，但是如果畸变能保持在一个恒定的值，就有可能在前一道工序进行调节加工，从而尽可能地接近零淬火畸变。最近，一种使用水进行淬火冷却的冷却方法已经公布，它大幅消除了由于淬火导致的水温上升，并提供了较目前方法更均匀的冷却，从而减少了淬火畸变的差异。这种方法的发展将使我们更加接近零淬火畸变。

- **有可能接近零淬火畸变。**
- **越接近零，越能节省资源和能源。**
- **努力使畸变保持在一个稳定的水平上。**

[1] 什么是淬火畸变?

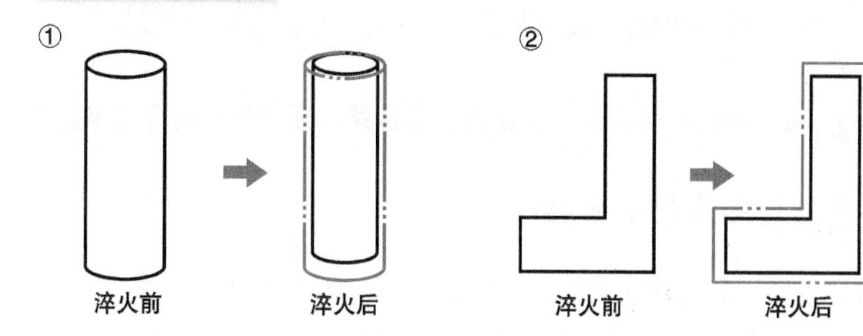

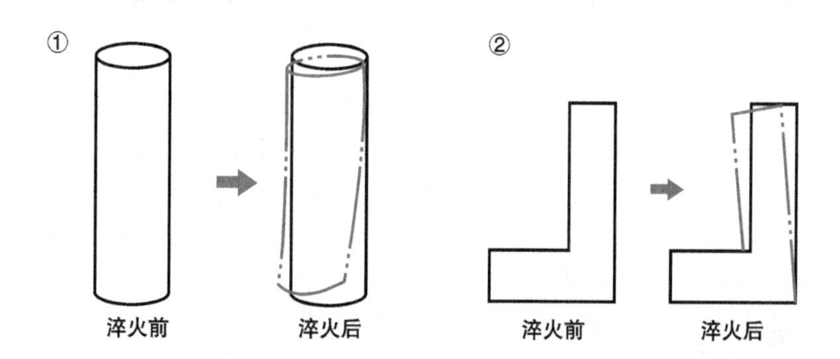

[2] 淬火畸变差异的均衡化

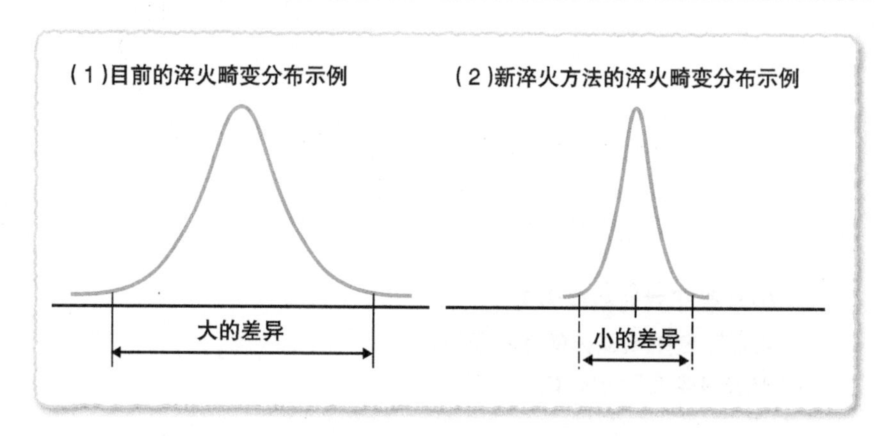

第7章 热处理技术的未来

84 极低摩擦磨损的涂层（DLC）

可用于干式切削加工。

由于 DLC 的低能耗成膜和极高的力学性能，预计其应用会越来越广泛。

低处理温度和高耐磨性

深棕色的闪亮刀刃可以切削钢铁。而且，因为完全不使用切削油，没有油雾，工作区明亮通透。这样好的工作环境在未来将随处可见。这是通过使用表面改性涂层，即类金刚石薄膜（DLC）来实现的。

这是与金刚石晶体相似，但不完全相同的非晶碳膜。应用 PVD、PCVD 等工艺，以固体碳、碳水化合物气体为原料。与 TiN 和 TiC 不同，DLC 具有低成膜温度（<200℃）、高硬度（1000~5000HV）、高导热性、高电绝缘和耐磨性的特点。下页 [2] 所示为各种材料的摩擦系数比较，DLC 比其他表面硬化膜的摩擦系数低得多，表明其耐磨性更好。当金属相互摩擦时，会产生热量，导致硬度降低，并发生磨损，因此需要使用润滑剂来改善这种情况。由于 DLC 的高导热性，它可以消散摩擦热，防止因接触而产生的热量积聚，而且其高硬度提供了良好的耐磨性，使上述的干式切削成为可能。由于 DLC 可以在低温过程中成膜，因此可以在渗碳、淬火和回火后的汽车零部件上生成薄膜，而不会降低表面硬度，从而增加使用寿命。在模具上先沉积 TiN 和 TiC 的各种硬膜，在这些硬膜之上，再沉积 DLC 膜，从而可以提高模具的耐磨性和寿命。

- **DLC 使干式切削成为可能。**
- **类似于金刚石晶体的非晶碳膜。**
- **加工温度低于 200℃。**

[1] DLC 的特点

项目	PVD	PCVD
成膜温度/℃	200以下	200以下
硬度HV	3000~5000	1000~5000
颜色	灰色~黑色	黑色
膜结构	非晶	非晶
最高使用温度/℃	450	450
膜厚/μm	0.1~10	0.1~10
摩擦系数 μ	0.1	0.02~0.2

[2] 各种材料的摩擦系数比较

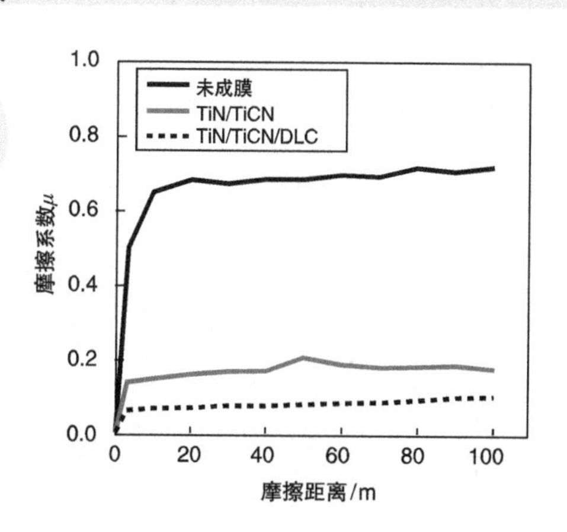

[3] DLC 应用示例

- 橡胶模具
- 生物医疗机器零部件
- 精密仪器零部件
- 机器人零部件
- 制造半导体用的机器零部件
- 汽车部件(阀升降机、活塞连杆、凸轮轴、摇臂、发动机阀)

85 应用计算机的全自动化热处理

质量稳定，安全性高，工作环境好。

在操作人员依赖手工操作或经验的热处理领域，也出现了越来越多的自动化趋势。

工厂车间里的自动导引车

热处理技术已经进入大规模生产的时代，为了改善质量稳定性、安全性和工作环境，对自动化的期望越来越高。

在计算机出现的早期，其应用限于热处理设施中的温度控制电路和一部分操作。然而，随着计算机设备变得更小、更便宜，其应用越来越广泛。程序化控制，即事先设定温度和时间，并据此进行热处理，依次对加热炉、清洗系统、回火炉、输送系统等进行控制。热处理设备的自动化进展迅速，引入了气氛控制系统，并且将气氛测量设备与温度和计时器控制相结合。因此，工作环境也得到了改善，已经摆脱了炎热、艰苦和危险的工作环境。

热处理工作需要使用高温炉，因此通常轮班工作。然而，现在的热处理正在逐步实现自动化，这校可以减少对轮班工作的需求，并能稳定质量，确保设备的连续运行，以及降低成本。然而，由于热处理厂使用大量的淬火油，鉴于消防规定，不能无人值守。

在清洗→加热淬火→清洗→回火→存放在成品货架上的一系列操作中，现在可以按照程序对加工好的产品设置好夹具后，存入自动仓库，并且在工厂内移动时，使用自动导引车（AGV）。下页照片所示为一个热处理厂，厂内几乎看不到任何工人。这一系统在未来会越来越普及。

- **气氛测量、温度和计时器控制相结合的气氛控制。**
- **使用大量淬火油的热处理厂不能无人值守。**
- **使用自动导引车的工人少的工厂。**

热处理的自动化

几乎看不到任何工人的热处理厂　　　　提供：东方工程株式会社

从稳定质量、提高安全性、改善工作环境的需求出发，对热处理自动化的期望不断变大。

86 热处理面临的挑战

开发适应时代的热处理技术。

日本经济产业省和素形材中心在 2008 年 11 月发布了对技术开发方向有重大影响的一份热处理技术路线图。

制造业的一个不可或缺的组成部分

可以毫不夸张地说，如果没有热处理，从汽车和新干线到工业机械和家用电器，一切都不可能正常运行。热处理技术是如此重要，以至于难以理解，它为何如此“默默无闻”？

在漫长的技术历史中，我们一直在开发技术，以满足适合时代发展的零部件功能的需要。热处理技术已被列入“材料技术战略：支撑制造基础的材料技术指南”的六个技术领域之一，它提出了热处理技术在未来 20 年应该是什么样子。热处理技术路线图由日本经济产业省和素形材中心于 2008 年 11 月发布（详见相关网页）。以下是对当前问题的简要概述。

①针对客户的减重、节油、降噪等环保措施开发热处理技术（如最小畸变热处理、与表面改性相结合的技术等）；②开发表面改性技术，以提高用于制造高性能零部件的模具的使用寿命（例如等离子体热处理的温度和气氛控制方法）；③减少能源消耗和提高热处理效率的技术（例如广泛使用真空渗碳和离子渗碳）；④节省人力和无人值守的热处理（例如广泛使用全自动化系统，高压气体冷却系统的实际应用等）；⑤开发温度和气氛控制技术，以生产更高质量的产品；⑥降低成本（例如通过减少处理时间等）。

希望这些问题都能得到解决，并开发出适合时代的热处理技术。

- **减少重量、油耗和噪声的技术。**
- **开发表面改性技术，以延长模具的寿命。**
- **减少能源消耗，提高效率。**

热处理技术的未来

当前的任务

1) 改善能耗，减轻重量，减少噪声和降低畸变

2) 模具的长寿命化

3) 减少能源使用

4) 节省人力和无人值守

5) 减少成本和节省时间

发展方向

1) 低畸变的冷却技术

2) 真空渗碳和离子渗碳的气氛控制

3) 对模具进行表面改性的复合处理

4) 用于无人化的气体冷却技术

5) 高温处理和冷却技术的结合

世界领先的热处理技术

小专栏

热处理技能的传承

在本章的最后一节，“热处理面临的挑战”中，引述了日本经济产业省在 2008 年 11 月发布的“材料技术战略：支撑制造业基础的材料技术指南”中关于技术开发的部分。在小专栏中，再谈谈其中也提到的人才教育、技能传承。

在热处理方面，日本热处理技术协会是技术方面的智库，日本金属热处理工业协会是热处理加工的行会组织（在东部、中部和西部地区分别有下属组织），日本工业炉协会是包括热处理设备在内的硬件方面的组织。然而，去这些组织咨询热处理日常问题或技术开发方面问题的“门槛”还是比较高的。更多的时候人们还是会去附近的公共测试中心或大学的相关实验室。然而，现实问题是，这些测试中心或大学中的材料工程师和热处理专家越来越少。

即使不说热处理是制造业的基础，但它肯定是制造业的一个重要组成部分。许多技术高中的材料技术系也有消失的趋势，大学的情况也是如此。在这种情况下，去哪里寻求技术建议和技术指导呢？

在这种情况下，东日本金属热处理工业协会（上述日本金属热处理工业协会的下属组织）和东京工业大学在经济产业省的指导下制定并正在实施一项“核心人力资源开发”项目，在工业界的行业工会和厚生劳动省的共同参与下，通过课堂培训和 OJT 培训教育新员工。另外，日本热处理技术协会与日本金属热处理工业协会及其下属组织合作，正在进一步加强员工教育和信息传播。

热处理通常是制造过程中的最后一步。如果在热处理环节出现问题，之前的所有过程都可能会被浪费掉。需要强调的是，对其他部门中不涉及热处理的员工进行教育，使他们认识到热处理的重要性，也是热处理技术得以发展的关键之一。

热处理问答

热处理应用于制造业的许多领域。然而，许多人并不知道为什么要以这样的方式和条件来进行热处理。

在此，根据本书的读者和研讨会上提出的问题汇编了一份问题清单。

估计还有很多这之外的问题，但衷心希望这些问题和答案能有所帮助。

Q&A

本章问答是根据收到的热处理行业人员对热处理中使用的钢材及其热处理的问题和疑惑编写的。

Q-1 机械结构用碳钢和机械结构用合金钢有什么区别?

A 用于机械结构的碳钢，其碳的质量分数为 0.10% ~ 0.60%，一般称为 SC 钢。该钢通过热轧或热锻、机械加工和热处理后投入使用，被广泛用作一般机械和运输机械（如汽车和铁路车辆）的结构材料。由于它的高质量效应，常常被限制在小型零件上。

机械结构用合金钢是指添加了除碳以外的合金元素（如 Cr、Mn、Ni 和 Mo）的碳钢。与机械结构用碳钢相比，机械结构用合金钢在室温下具有更高的强度和耐磨性，还具有高淬透性，在回火时具有高回火稳定性，使该钢成为一种韧性钢。然而，与其他合金钢相比，该钢的合金元素的含量相对较低。

Q-2 为什么不同种类的钢有不同的淬火温度?

A 以碳钢（亚共析钢）、碳素工具钢（共析钢和过共析钢）为例说明。下页的图所示为 Fe-C 相图的平衡状态，以及亚共析钢、共析钢和过共析钢的淬火温度范围。亚共析碳钢加热到 A_3+30 ~ 50℃，使碳完全溶解到奥氏体后，进行淬火。

由于共析钢和过共析钢的碳含量较高（质量分数为 0.6% ~ 1.5%），呈铁素体和珠光体复合的层状珠光体状态。和亚共析钢一样，在奥氏体阶段，球状碳化物溶于奥氏体中。

如下页的图所示，共析钢和过共析钢在 A_1+30~50℃的奥氏体与碳化物混合区进行加热和淬火。这就得到了一个更硬的组织——马氏体中分散球状碳化物。

如上所述，淬火温度取决于碳和合金元素的含量。

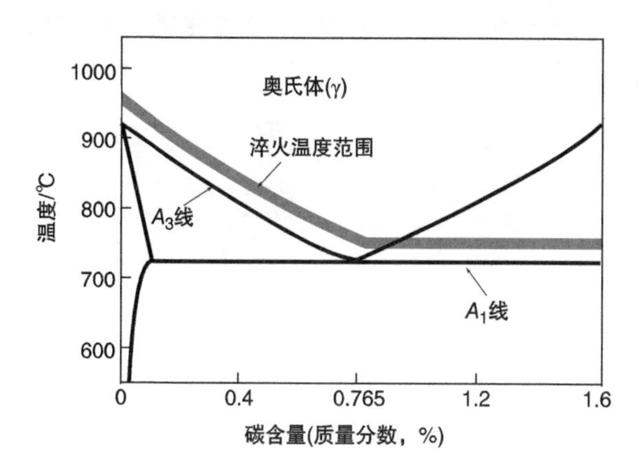

Q-3 碳钢经水冷淬火后，为什么容易产生淬火裂纹？

A 当碳钢从奥氏体状态淬火（水冷）时，不发生碳的扩散性相变，即珠光体相变，而只发生马氏体相变。马氏体的成分基本与奥氏体相同，有过饱和的碳。

淬火开裂的原因之一是由于这种马氏体相变的膨胀。在一般的淬火中，当碳的质量分数高于 0.4% 且水冷时，就容易发生这种情况。

Q-4 为什么铁加热到 910℃时体积会缩小？

A 在温度低于 910℃时，铁晶体的原子排列是体心立方（bcc）。当加热到 910℃时，会变成面心立方（fcc）晶格。在体心立方晶格中，1 个原子位于中心，并被 8 个原子所包围，原子充填率是 68%，如下页的图所示。

另一方面，在面心立方晶格中，其原子充填率是 74%。面心立方晶格比体心立方晶格的密度大，有更多原子挤在里面，整体体积较小，因此也就收缩了。

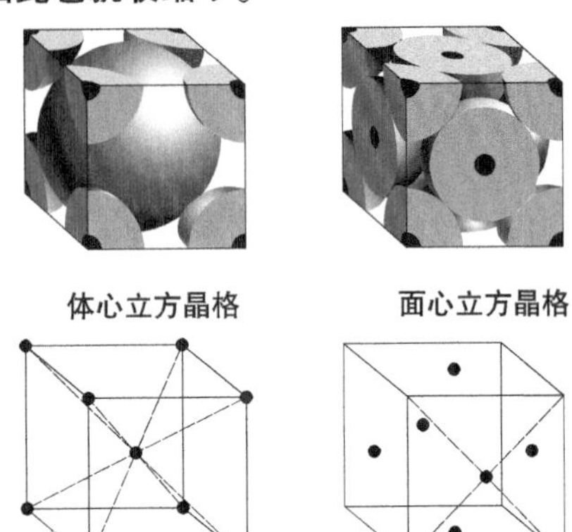

Q-5 为什么渗碳的目标表面碳的质量分数是 0.7% ~ 0.8%？

A 下页的图所示为用 SCM420H 和 SNCM420H 进行渗碳时，表面硬度与碳含量之间的关系。可以看出，SNCM420H 在碳的质量分数为 0.7% 附近，SCM420H 在碳的质量分数为 0.8% 附近，硬度分别达到峰值。

以碳含量的例子来说明：

1）在碳的质量分数为 0.6% 的情况下，虽然残留奥氏体很少，但碳含量也很低，所以需要提高淬火温度。

2) 在碳的质量分数为 1.0% 的情况下，残留奥氏体的量多，硬度降低。

3) 在碳的质量分数为 0.8% 的情况下，残留奥氏体的量少，硬度高。

此外，因为 SNCM420H 含有 Ni，容易产生残留奥氏体，所

Q&A

以碳的质量分数在 0.7% 时有一个硬度的峰值。一般来说，对于 SCM 表面硬化钢，表面碳的质量分数设为 0.7% ~ 0.8%。

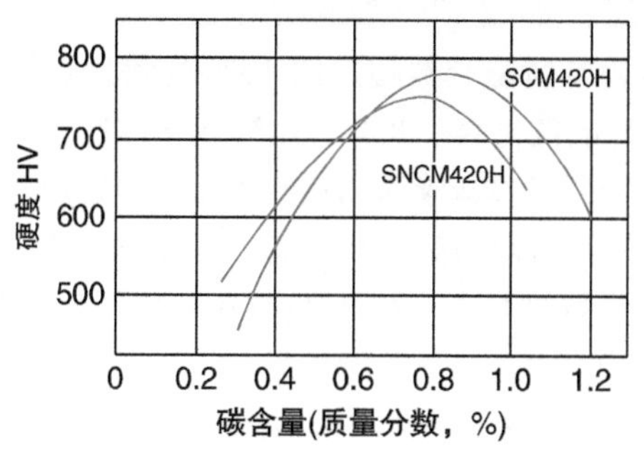

Q-6 S45C 在高频感应淬火之前是否需要进行调质?

A 由于高频感应淬火过程是一个短暂而快速的加热过程，必须注意淬火材料的硬度分布，为此，奥氏体均匀化是一个重要因素。下图显示了不同预备热处理组织的 S45C 钢在相同条件下进行高频感应淬火时的断面硬度分布。可以看出，碳钢调质（淬火 + 高温回火）后，奥氏体化最均匀，硬度最高。因此，S45C 在高频感应淬火之前，进行调质是很重要的。

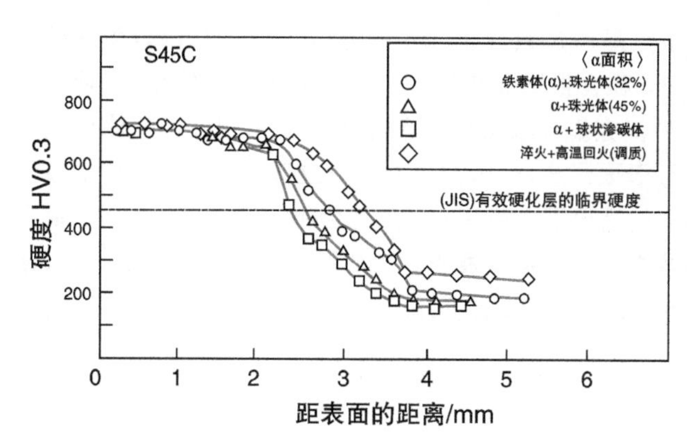

Q&A

Q-7 为什么对 SUS304 进行气体氮碳共渗困难？处理后的耐蚀性如何？

A 不锈钢含有质量分数超过约 13% 的铬，它与氧气结合形成 Cr_2O_3 的氧化膜。此外，这种氧化膜在含有镍时变得更加致密，阻止外部气体等渗透到钢铁表面。当这种材料进行气体氮碳共渗处理时，氧化膜牢不可破，不能被 NH_3 还原，此外，大气中含有的少量 H_2O 和 CO_2 可能会引起进一步的氧化和着色。这使得渗氮过程很难达到均匀的效果。

去除氧化膜的预处理包括①酸洗和②向气氛中加入卤素化合物（盐酸、氟化氢等）。

当渗氮处理正常时，工件表面是浅灰色的。但是，如果渗氮过程不充分，表面会变成红色、粉色、蓝色、紫色等，可以通过颜色判断渗氮过程是否有问题。渗氮后不锈钢失去了表面的氧化层，在表面形成了铬的氮化物，从而降低了其耐蚀性。

Q-8 当对 S45C 进行气体氮碳共渗时，在表面形成的渗层是否像电镀层那样？

A 渗氮是通过氨分解产生的氮或氮离子从钢表面渗透扩散的，氮含量增加并与铁和合金元素反应形成化合物。在气体渗氮中，在最表面形成高氮浓度的 ζ 单相，在气体氮碳共渗中，在最表面形成 ε 单相。内部形成低浓度的氮化物。在气体氮碳共渗的情况下，约有一半的化合物向钢的内部生成，而另一半则向表面生成。实验表明，比如形成的厚度为 20μm，表面就增加 10μm，圆棒就变粗 20μm。因此，这与电镀的情况不同。

Q&A

Q-9 为什么珠光体是分层的?

A 珠光体的形成机制如图A所示。随着γ相（奥氏体）的缓慢冷却，在A_1线，晶界上形成了渗碳体（Fe_3C）的晶核，并生长成线状渗碳体。这导致其周围的碳含量变低，奥氏体向铁素体转变。这种转变是瞬间连续发生的，因此渗碳体和铁素体形成层状结构。图B所示为一个层状珠光体的例子。

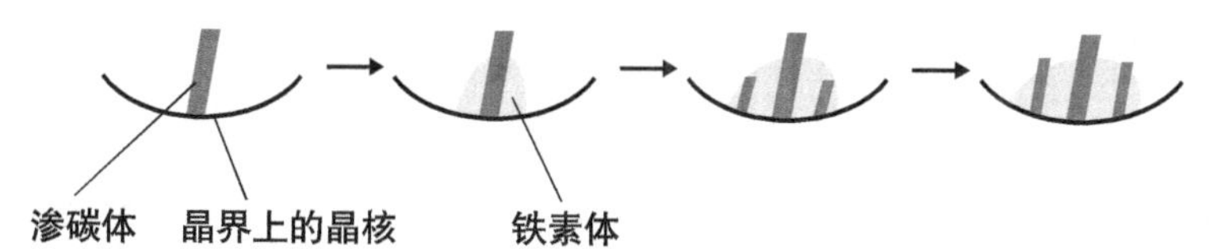

图A 珠光体的形成机制

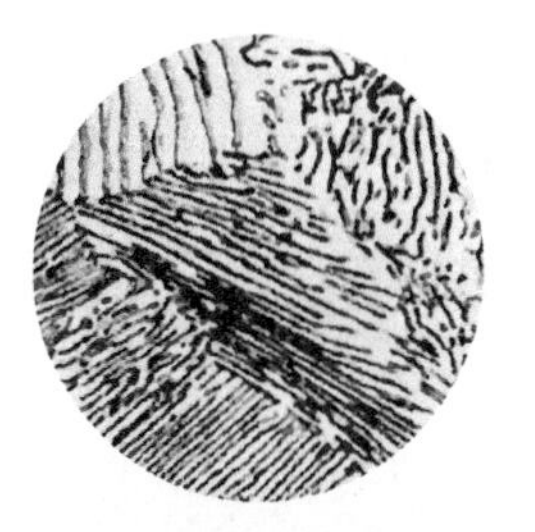

图B 层状珠光体

Q-10 气体渗碳有两种方法：共析渗碳法和渗碳-扩散法，应用时有什么区别?

A 共析渗碳法是在渗碳过程中，碳势一直控制在0.75%~0.8%。相比之下，渗碳-扩散法在渗碳期间将碳势控制在1.10%，在扩散期间控制在0.75%。一般来说，当有效硬化层的深度超过1mm时，就采用渗碳-扩散法。原因是

Q&A

为了节省时间。

下图比较了在相同处理温度下，碳势为 0.75% 和 1.10% 时的渗碳层深度。表面碳含量越高，该层越深。由于渗碳的目标碳的质量分数是0.75%~0.80%，所以不可能在1.10%下连续处理。因此，采用下图所示的渗碳 - 扩散法。方法的选择取决于渗碳层深度、材料、周期和经济性。

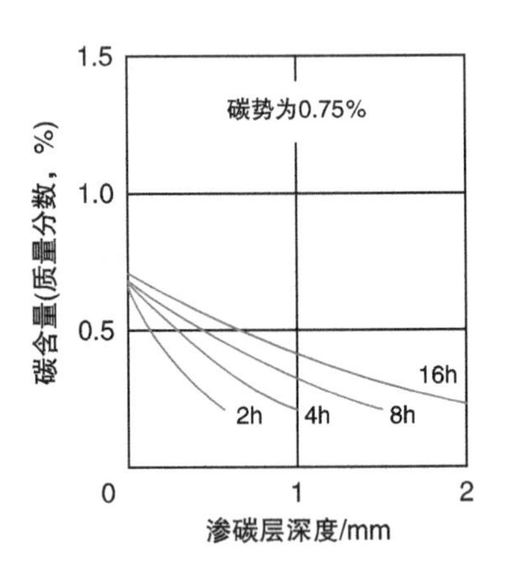

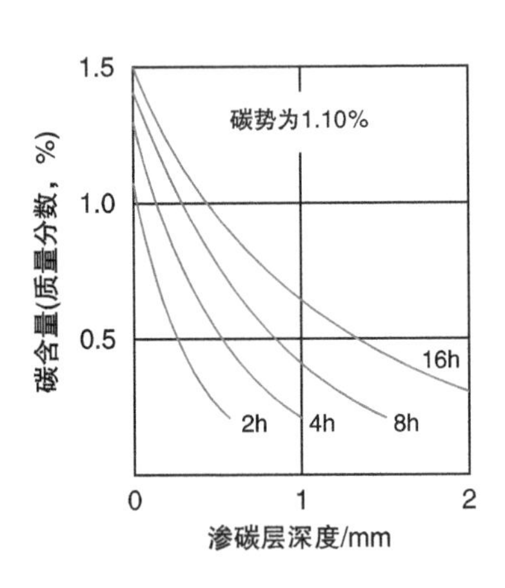

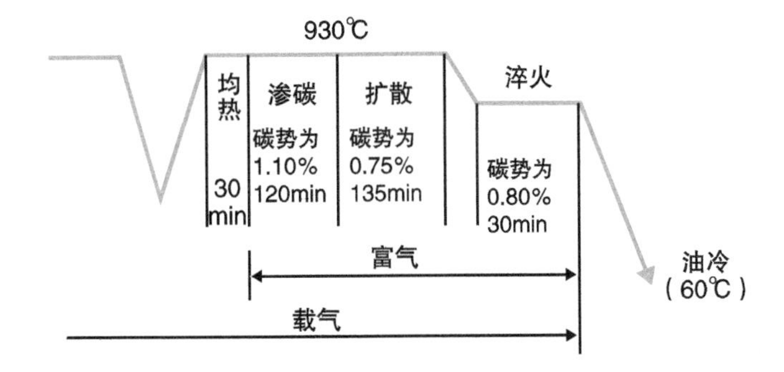

Q&A

Q-11 为什么气体碳氮共渗处理后表面局部有黑色异物或金属光泽?

A 当气体氮碳共渗工件放置在夹具中，用有机溶剂进行清洗时，可能会有一些细小的粉末附着在表面。如果在这种状态下进行处理，附着的部分会变成黑色，在潮湿的季节，这里可能生锈。

气体氮碳共渗工件几乎都是在机械加工当天进行气体氮碳共渗处理的。在机械加工中，使用切削油和水溶性切削剂。

1）切削油中含有次氯酸和硼等添加剂。这类物质不能被有机溶剂充分去除，而是作为白色附着物留了下来。

2）水溶性切削剂是以水为基础的，在炎热的天气里，水很容易从容器中蒸发，而其余的添加剂则附着在工件上。这种附着物不会被随后的清洗所清除。

经过气体氮碳共渗处理后，这些附着物会变成黑色的污点等，并且会诱发生锈。

在 1) 的情况下，使用有机溶剂清洗前，用煤油进行预清洗是有效的。在 2）的情况下，首先要做的是不要让它变干燥，并控制水溶性溶剂中的添加剂量。当表面形成固着物时，将少量防锈剂溶解在热水中并再次清洗。在这种情况下，尤其要注意不要引起生锈。

一个常见的做法是在清洗后检查工件，并用抹布擦掉附着物。在气体氮碳共渗处理中，工件表面均匀度是一个重要指标。金属光泽有三种情况：①机械加工的塑性流动导致晶粒被压挤，气体碳氮共渗没有有效进行；②气氛中的氮势弱，在工件与夹具接触的地方产生；③异物附着的情况下。请根据这三种情况查找具体原因。

Q&A

Q-12 在间歇式气体渗碳炉中进行油淬（60℃的淬火油）时，工件表面出现茶色条纹或蓝色条纹，这是为什么？

A 有两个主要原因。

1）茶色条纹：通常呈亮灰色的表面，随着时间的推移渐渐出现茶色条纹。这种现象在较大直径的工件中尤其明显。这通常是由于淬火油的淬火性能恶化造成的。应立即分析油的特性，或联系油的制造商寻求建议。

2）蓝色条纹：如果工件表面局部出现蓝色条纹，这可能是由于炉子入口的密封不严，淬火时空气进入并造成了氧化。然而，如果工件上到处都是蓝色条纹或蓝色斑点，这可能是由于油的水含量增加而引起的氧化。油温60℃，水进入油中不会沸腾，不容易发现。应立即与淬火油厂家联系，以确定油中含水的原因，分析水含量并采取措施。

Q-13 如果使用未经回火的淬火件会怎样？

A 淬火是一种热处理操作，将碳钢加热到奥氏体化温度，然后快速冷却，使其形成马氏体并硬化。淬火产生的马氏体中碳含量过饱和，扭曲了晶格，产生了内应力，硬且脆。一般来说，在这种状态下很难加工也不适合使用。

Q&A

Q-14 为什么奥氏体等温处理不需要进行回火处理?

A 为了防止淬火开裂和淬火变形，将钢从奥氏体状态迅速冷却到设定的温度，并在该温度下保温一定时间，产生等温相变，如下图所示。

在高于 *Ms* 点（一般为 450 ~ 500℃）的冷却介质中冷却，并转变为上贝氏体，使钢具有适度的强度和韧性，很少出现淬火裂纹和淬火变形。由于这不是马氏体相变，因此不需要后续回火。

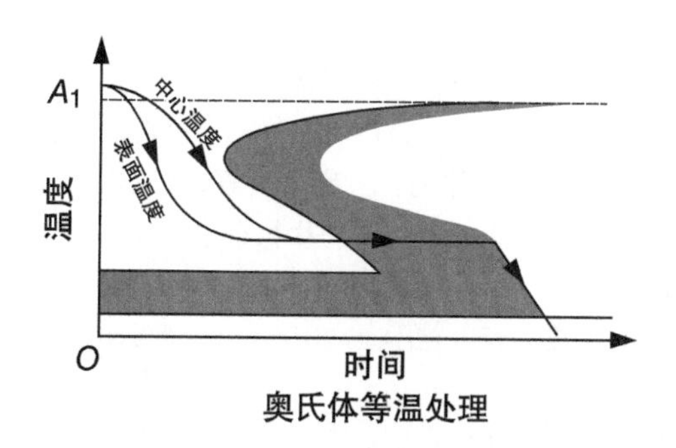

奥氏体等温处理

Q-15 如果用水或油淬火时不搅拌，会发生什么?

A 水、油等都可以作为淬火冷却介质，但在冷却过程中如果没有搅拌，即使是最好的淬火冷却介质，其冷却能力也会大大降低。不对淬火冷却介质进行搅拌的淬火会导致缺陷，如硬化不均匀和材料的内部硬度不足等。请参见 31 节。

小专栏

热处理和声音

风铃是日本最受欢迎的夏季用品之一。当我们听到挥之不去的叮叮的风铃声时，感觉好似闷热中吹来了一阵凉风。而如今，则必须在傍晚时分把它们收回到室内，因为它们被认为是一种声音污染。

风铃是由铸铁制成的，这种材料称为白口铸铁，在本书正文中有介绍。白口铸铁含有许多硬的渗碳体，并夹杂着细珠光体。然而，虽然同是铸铁，但是组织中析出片状石墨的普通铸铁（灰铸铁），却是隆隆的声音，根本不像是铃声。在后一种类型的灰铸铁中，撞击表面引起的振动被石墨阻挡或吸收，因此不会产生共振（称为减幅）。然而，白口铸铁中硬的渗碳体可以传递振动，从而产生更多的共鸣音。那么，钢会怎样？以下是两个例子。

例 1：高碳含量的 SK80（碳的质量分数为 0.70% ~ 0.90%）经完全退火后，具有完全珠光体组织；而经球状退火后，铁素体的基体上有颗粒状的渗碳体散布。两者中哪一个会产生更好的有余韵的音色？敲击时，后者的铁素体基体上分散渗碳体的，听起来更好，回响也更长。与之相反，前者以短促的回声结束。和上面提到的片状石墨一样，珠光体中的条状渗碳体阻止振动。顺便说一下，当这种材料被淬火成硬马氏体时，声音很高，但依旧没有共振或回音。是不是很有趣，声音振动随着组织的变化而变化。

例 2：低碳含量的以铁素体为主体的和钢 (SPCC)，对其进行气体氮碳共渗后会产生非常清晰、高亢和持久的声音。这个方法已被用于自行车铃的生产。也有研究表明，对银合金乐器进行低温处理会使其音色变得柔和。读者们也不妨试试看。

附录

热处理术语

A_1 点

共析点（727℃，0.77%C）。

A_3 点

γ 铁和 α 铁发生转变的温度（910℃）。

A_1 线

在共析线上的转化温度下，两个固相同时析出的温度线：奥氏体（γ 固溶体）⇌铁素体（α 固溶体）+渗碳体（Fe_3C）。

A_3 线

在亚共析钢中，从奥氏体（γ 固溶体）中开始析出铁素体（α 固溶体）的温度线。

A_{cm} 线

在过共析钢中，从奥氏体中开始析出渗碳体的温度线。还显示了各个温度下奥氏体中的饱和碳含量。

α 固溶体

碳的质量分数最高为 0.02% 的固溶体。其组织名称为铁素体。

γ 固溶体

这种固溶体的组织称为奥氏体，在 1148℃时，碳的最大固溶质量分数为 2.1%。

奥氏体

1148℃时，碳的质量分数最高为 2.1% 的固溶体（γ 固溶体）。

奥氏体等温处理

利用等温相变的热处理。把钢从奥氏体状态急冷到设定的温度（550℃和 Ms 之间），并在该温度下保温一定时间，以防止产生淬火裂纹和淬火变形。

表面淬火

轴和齿轮需要有良好的疲劳强度和抗冲击性，以及表面接触区域的耐磨性。钢材经过表面硬化处理，使其具有硬的表面和韧性较好的内部。

表面硬化的类型

表面硬化包括渗碳、渗氮、高频感应淬火和火焰淬火等。

残留奥氏体

当加热到奥氏体化温度的钢被淬火时，过冷奥氏体通过 *Ms* 点后剩下的没有完全转变为马氏体的奥氏体。残留奥氏体是磨削开裂或放置开裂和尺寸变化（随着时间的推移发生变形）的原因。

淬火

对于亚共析钢，冷却从 A_3 线以上 30 ~ 50℃开始，对于共析钢和过共析钢，冷却从 A_1 线以上 30 ~ 50℃开始。淬火冷却介质包括水、油、盐浴和空气等，根据钢种选择。

淬火保温时间

在淬火温度下的保温的时间。以 ϕ25mm 圆棒为例，对于气体加热，淬火保温时间应为 30 ~ 40min，而对于盐浴加热，应为 10 ~ 15min。

淬火用钢

碳的质量分数通常为 0.3% ~ 1.5% 的钢，以电炉钢为主。

淬透性

淬火时的硬化深度。比较不同钢种之间的淬透性时，不是比较硬度的大小，而是比较硬化深度。

弹簧钢

弹性高，耐反复载荷的高弹性极限的钢。有两种主要类型：热成形弹簧和冷成形弹簧，JIS 中的弹簧钢有 SUP6 ~ SUP13，共 8 个钢种。

低温回火

150 ~ 180℃的回火。目的是在尽量减少硬度降低的同时稳定组织。

滴注式气体渗碳

基于 $CH_3OH \rightleftharpoons CO + 2H_2$ 的热分解，可以简便地产生 CO 进行渗碳，不需要气氛气体发生装置。

端淬试验

JIS G0561 规定的淬透性测试方法。端淬试验可用来比较硬化深度的大小。

高速工具钢

进一步提高了合金工具钢的切削能力，作为切削工具钢使用最为广泛，应用于车刀、钻头等重要工具。由于析出了大量的 Cr、Mo 和 W 等的硬质碳化物，刀刃温度上升到 500～600℃时硬度也不会下降，依然保持高耐磨性。

高温回火

550～650℃的回火。高温回火后的组织是索氏体。

共晶点

Fe-C 相图上的 *C* 点（1148℃，4.3%C）。

共晶线

奥氏体（ γ 固溶体）和渗碳体（Fe_3C）同时从液相中结晶的温度线。

共析点

Fe-C 相图上的 *S* 点（727℃，0.77%C）。

共析钢

碳的质量分数为 0.77% 的钢。其组织为珠光体。

固溶处理

将金属 A 过饱和于金属 B 中的处理。例如，在奥氏体不锈钢的情况下，如果在 650℃左右缓冷，铬碳化物就会在晶界处析出，引起晶界腐蚀（敏化）。为了防止这种情况，应进行固溶处理，通过在高于 1050℃的温度下加热并迅速冷却来稳定耐蚀性。

固溶体

合金元素完全溶解于其中的金属合金。

固体渗碳

以木炭和渗碳促进剂为渗碳剂，使碳渗入钢表面。

过共析钢

碳的质量分数为 0.77%～2.1% 的钢。

合金工具钢

碳的质量分数为 0.6%～1.5%，根据用途调整碳含量。除 C 外，还添加了 Cr、Ni、W 和 V 等，以提高淬透性和耐磨性。

回火

淬火产生的马氏体，由于碳的过饱和固溶引起的内应力而极其硬而脆。一般来说，淬火后要进行回火。淬火后，立即将钢重新加热到低于 A_1 相变点的适当温度，以达到所需的硬度和组织的稳定性。

回火马氏体

150～180℃下的回火组织（硬度略有下降）。

火焰淬火

使用可控的特殊气体燃烧器对钢材进行表面硬化的方法。

激光淬火

用激光束进行表面硬化。

冷作模具钢

用于冷加工的工具钢。在加工成模具后进行热处理，其热处理的结果是在基体中弥散析出硬的碳化物，从而增加耐磨性。冷作模具钢一般含有质量分数为 12% 的铬和 1.5% 的碳，以及 Mo、V 等合金元素。

离子渗氮

利用氮气在辉光放电下电离产生的氮离子进行渗氮。

马氏体

当碳钢从奥氏体状态下快速淬火时，不会发生扩散性珠光体相变，而是形成非常硬的、成分与奥氏体相同的碳过饱和固溶体，这种组织称为马氏体。

马氏体等温处理

将材料放入马氏体相变温度范围内（约 250℃）的淬火冷却介质中，然后保温，使材料的表面和内部温度均匀，接着缓慢冷却，以防止淬火裂纹和淬火变形。

喷丸

一种通过将钢丸强烈地喷射到工件表面，在表层产生残余压应力来硬化钢的方法。

气体氮碳共渗

在氨气和吸热式发生气体的体积比为 1:1 的混合气体中，从钢表面渗入和扩散 N 和 C，形成 Cr、Mo 和 Al 等合金元素的氮化物。

气体渗氮

氨气（NH_3）分解产生的 N 从钢表面渗入扩散，与合金元素反应形成氮化物。

气体渗碳（吸热式发生气氛）

碳氢化合物气体与适量的空气混合，在吸热式气氛发生装置中产生 CO，将其投入渗碳炉进行渗碳处理。

球状退火

目的是使渗碳体球化，以改善冷锻后亚共析钢的可加工性，并消除过共析钢组织中的网状碳化物。

去应力退火

在 600℃的再结晶温度以下处理，以消除由铸造、冷加工等引起的应力。

热作模具钢

用于热挤压、锻造和压力铸造的模具，加热到 600℃硬度也不会降低，依然保持高耐磨性。为了提高耐高温氧化性，采用提高铬含量的 W-Cr-V 和 Mo-Cr-V 钢。

深冷处理

通过冷却到低于室温的 *Mf* 点来完成相变，目的是去除残留奥氏体。

渗氮

氮扩散到钢的表面，形成氮化物并使表面硬化的一种处理方法。

渗氮的类型

渗氮包括气体渗氮、盐浴氮碳共渗、气体氮碳共渗、离子渗氮和固体渗氮等。

渗氮温度

两种渗氮方法采用不同的渗氮温度：渗氮温度为 500 ~ 520℃的长时间一段渗氮，以及渗氮温度为 510 ~ 520℃和 550 ~ 570℃的两段渗氮。

渗氮硬化层

渗氮硬化层是指从渗氮层的表面到非渗氮基体之间的距离。

渗碳

对低碳合金钢从表面渗透和扩散碳的处理。

渗碳淬火层的组织

以共析碳含量为标准含量的全马氏体组织。

渗碳淬火回火

渗碳后在适当温度下对材料进行淬火和回火。

渗碳的类型

渗碳包括固体渗碳、盐浴渗碳、气体渗碳和离子渗碳等。

渗碳钢

低碳合金钢，碳的质量分数一般小于 0.3%，也叫表面硬化钢。

渗碳深度

渗碳深度有两种：有效的渗碳深度和总硬化层深度。

渗碳时间

完成渗碳所需的时间，由渗碳温度和所需的渗碳深度决定。

渗碳体

硬而脆的铁的化合物（Fe_3C），其中碳的质量分数为 6.67%。

渗碳温度

在 900 ~ 950℃的 γ 区域内进行渗碳，在 γ 区域碳的固溶度高。

水韧处理

将高锰钢从高温下水冷，以产生均匀的奥氏体组织，增加其韧性。

索氏体

550 ~ 650℃的回火组织（强度高且有韧性，可加工）。

碳氮共渗

渗碳气体中添加体积分数为百分之几的氨气，温度为 800 ~ 850℃，以便同时进行碳和氮的渗透和扩散。

碳氮共渗硬化层

碳和氮从表面渗透和扩散并随后淬火形成的硬化层。通常为深度小于 0.3mm 的含氮马氏体组织。

调质

一般来说，淬火后要进行回火。对于机械结构钢，常常采用淬火和高温回火（500 ~ 650℃）相结合的方式，这种热处理称为调质。

铁素体

α 铁和少量的碳（碳的质量分数最高为 0.02%）的固溶体组织。

完全退火

亚共析钢加热并保持在 A_3+30 ~ 50℃的温度，共析钢和过共析钢加热并保持在 A_1+30 ~ 50℃的温度，然后缓慢冷却（炉冷）。

析出硬化处理

固溶处理后，将材料保持在一个适当的温度，通过时效处理硬化。

亚共析钢

碳的质量分数为 0.02% ~ 0.77% 的钢。

盐浴氮碳共渗

利用氰化物热分解产生的 N 和 CO 的弱（低温）渗碳和渗氮复合作用进行氮碳共渗。所处理的钢材不需要含有像渗氮钢那样的特殊元素，可以在较短时间内完成氮碳共渗。

盐浴碳氮共渗

产品被浸入以氰化物（如 NaCN）为主剂的熔盐浴（800 ~ 900℃）中，并在熔盐浴中进行碳氮共渗处理。

真空渗碳

一种直接渗碳工艺，在 50 ~ 4000Pa 的真空 (减压) 气氛中，将工件加热到 850 ~ 1000℃，碳氢化合物分解产生的碳，直接从钢的表面渗透扩散。

正火

将钢加热，然后从 A_3 线以上或 A_{cm} 线以上 +40 ~ 60℃的奥氏体状态下开始空冷（在空气中冷却），使组织转变为细小的铁素体或渗碳体和珠光体的混合组织。

质量效应

淬火硬化的深度取决于钢的截面尺寸。截面尺寸越大，越难淬火硬化，这称为质量效应大。

轴承钢

用于制作滚动轴承的钢，是表面缺陷和非金属杂质极少的脱氧钢。

珠光体

由铁素体和渗碳体组成的层状混合组织（共析组织）。

铸铁

铸铁的主要类型有灰铸铁、球墨铸铁和蠕墨铸铁等。铸铁的碳和硅含量较高，熔点低，铸造性比钢好，但其力学性能比钢差。大尺寸和复杂形状产品的生产成本低。

■参考文献

大和久重雄著『熱処理アラカルト』日刊工業新聞社
大和久重雄著『熱処理108のポイント』大河出版
日本熱処理技術協会編著『入門　金属材料の組織と性質』大河出版
門間改三著『鉄鋼材料学』実教出版
新日本製鉄⑭編著『鉄と鉄鋼がわかる本』日本実業出版社
新日本製鉄⑭秘書部広報企画室『鉄の文化史』東洋経済新報社
国立天文台編『理科年表（平成20年版）』丸善
内藤武志著『浸炭焼入れの実際（第2版）』日刊工業新聞社
『金属熱処理人材養成コース　金属熱処理技術入門テキスト』東部金属熱処理工業組合
幸田成康編『100万人の金属学　基礎編』アグネ技術センター
大和久重雄著『金属熱処理用語辞典』日刊工業新聞社
仁平宣弘·三尾淳著『はじめての表面処理技術』工業調査会
麻蒔立男著『トコトンやさしい薄膜の本』日刊工業新聞社
桜井弘著『元素111の新知識』講談社
(社)日本熱処理技術協会編『はじめて学ぶ熱処理技術』日刊工業新聞社
藤澤昭一著『現場の鉄鋼熱処理学』
『JISハンドブック（2007）熱処理』日本規格協会
牧正志「鉄鋼材料の魅力—そのミクロの世界」『熱処理』44巻4号
河田一喜「大型パルスDC—PCVD装置による新機能コーティング」オリエンタルエンヂニアリング⑭
河田一喜「真空浸炭処理の精密雰囲気制御」オリエンタルエンヂニアリング⑭
奥村望「最近の真空浸炭技術と適用上の注意点」『機械設計』2005年9月号、日刊工業新聞社
「プラズマ窒化の部品処理」日本電子工業⑭
池永勝·河野直弘著「PVD処理」『型技術』第5巻第10号（1990）
清水博明著「CVD処理」『型技術』第5巻第10号（1990）
『標準顕微鏡組織』山本科学工具研究社
「素形材技術戦略—ものづくり基盤を支える素形材技術の羅針盤」経済産業省、(財)素形材センター
「金属熱処理技術便覧」日刊工業新聞社
「入門·金属··①組織と性質」日本熱処理技術協会
河田一喜「窒化ポテンシャル制御システム付きガス軟窒化炉」
オリエンタルエンヂニアリング(株)設備総合カタログ
「イオン／プラズマ窒化法」日本電子工業株式会社
「表面硬化法の設計」杉山弘明　熱処理20巻5号

王志宏译，商务印书馆 2000 年版。

［美］洛伊斯·N. 玛格纳：《生命科学史》，李难等译，上海人民出版社 2009 年版。

［英］马特·里德利：《先天、后天：基因、经验，及什么使我们成为人》，陈虎平、严成芬译，北京理工大学出版社 2005 年版。

［英］迈克尔·吉本斯等：《知识生产的新模式：当代社会科学与研究的动力学》，陈洪捷等译，北京大学出版社 2011 年版。

［加］莫汉·马修、［美］克里斯托弗·斯蒂芬斯：《生物学哲学》，赵斌译，北京师范大学出版社 2015 年版。

［美］R. H. 默顿：《科学社会学》，鲁旭东等译，商务印书馆 2000 年版。

［德］尼古拉斯·卢曼：《信任：一个社会复杂性的简化机制》，翟铁鹏、李强译，上海人民出版社 2005 年版。

［法］R. A. B. 皮埃尔、法兰克·苏瑞特：《美丽的新种子——转基因作物对农民的威胁》，许云锴译，商务印书馆 2005 年版。

［瑞士］萨拜因·马森、［德］彼德·魏因加：《专业知识的民主化：探求科学咨询的新模式》，姜江等译，上海交通大学出版社 2010 年版。

［美］希赛拉·鲍克：《说谎：公共生活与私人生活中的道德选择》，张彤华、王立影译，吉林科学技术出版社 1989 年版。

［加］瑟乔·西斯蒙多：《科学技术学导论》，许为民等译，上海世纪出版集团 2007 年版。

［美］唐·伊德：《技术与生活世界》，韩连庆译，北京大学出版社 2012 年版。

［瑞士］托马斯·伯纳尔：《基因、贸易和管制：食品生物技术冲突的根源》，王大明、刘彬译，科学出版社 2011 年版。

［美］托马斯·R. 戴伊：《理解公共政策（第十版）》，彭勃译，华夏出版社 2004 年版。

［美］托马斯·尼科尔斯：《专家之死：反智主义的盛行及其影响》，舒琦译，中信出版社 2019 年版。

［斯里兰卡］威拉曼特里：《人权与科学技术发展》，张新宝译，知识产权出版社 1997 年版。

［德］乌尔里希·贝克、［英］安东尼·吉登斯、斯科特·拉什：《自反性现代化：现代社会秩序中的政治、传统与美学》，赵文书译，商务印书馆

2014 年版。

［德］乌尔里希·贝克：《风险社会》，何博闻译，译林出版社 2004 年版。

［美］小罗杰·皮尔克：《诚实的代理人——科学在政策与政治中的意义》，李正风、缪航译，上海交通大学出版社 2010 年版。

［英］谢尔顿·克里姆斯基、多米尼克·戈尔丁：《风险的社会理论学说》，徐元玲等译，北京出版社 2005 年版。

［古希腊］亚里士多德：《物理学》，张竹明译，商务印书馆 1982 年版。

［古希腊］亚里士多德：《形而上学》，苗力田译，中国人民大学出版社 2003 年版。

［以色列］尤瓦尔·赫拉利：《人类简史》，林俊宏译，中信出版集团 2017 年版。

［英］约翰·齐曼：《真科学：它是什么，它指什么》，曾国屏等译，上海世纪出版集团 2008 年版。

［美］珍妮·X. 卡斯帕森等：《风险的社会视野（上）：公众、风险沟通及风险的社会放大》，童蕴芝译，中国劳动社会保障出版社 2010 年版。

论文

陈光等：《专家在科技咨询中的角色演变》，《科学学研究》2008 年第 2 期。

陈强强：《专长研究：公众参与设限与信任关系重建》，《科学学研究》2019 年第 12 期。

陈如程等：《转基因食品致敏性评价研究进展》，《中国公共卫生》2013 年第 11 期。

陈治国：《论海德格尔的“四重体”观念与亚里士多德的四因说》，《自然辩证法研究》2012 年第 5 期。

费多益：《转基因：人类能否扮演上帝?》，《自然辩证法研究》2004 年第 1 期。

福特沃兹、拉维茨：《后常规科学的兴起》（上），《国外社会科学》1995 年第 10 期。

福特沃兹、拉维茨：《后常规科学的兴起》（下），《国外社会科学》1995 年第 12 期。

郭贵春、赵斌：《生物学理论基础的语义分析》，《中国社会科学》2010

年第2期。

郭慧云等：《信任论纲》，《哲学研究》2012年第6期。

郭喨、张学义：《"专家信任"及其重建策略：一项实证研究》，《自然辩证法通讯》2017年第4期。

何光喜等：《公众对转基因作物的接受度及其影响因素——基于六城市调查数据的社会学分析》，《社会》2015年第1期。

江畅：《论本体论的性质及其重建》，《哲学研究》2002年第1期。

姜萍：《修辞学视野中的转基因技术争论研究——以"转基因主粮事件"为例》，《科学技术哲学研究》2011年第6期。

李敏、姜萍：《对转基因技术的微博形象研究》，《科学学研究》2019年第7期。

李三虎：《技术本体论：范式转换与政治建构——海德格尔的技术政治哲学思想》，《武汉理工大学学报》（社会科学版）2009年第2期。

李章印：《对亚里士多德四因说的重新解读》，《哲学研究》2014年第6期。

李章印：《亚里士多德四因说的当代意义》，《河北学刊》2015年第6期。

李正伟、刘兵：《公众理解科学的理论研究：约翰·杜兰特的缺失模型》，《科学对社会的影响》2003年第3期。

刘兵、李正伟：《布赖恩·温的公众理解科学理论研究：内省模型》，《科学学研究》2003年第6期。

刘翠霞：《专家（主义/知识）的终结？——公民科学的兴起及其意义与风险》，《东南大学学报》（哲学社会科学版）2018年第5期。

毛明芳：《技术风险的社会放大机制——以转基因技术为例》，《未来与发展》2010年第11期。

毛萍：《从存在之思到"技术展现"——论海德格尔技术理论的本体论关联》，《科学技术与辩证法》2004年第3期。

欧庭高、王也：《关于转基因技术安全争论的深层思考——兼论现代技术的不确定性与风险》，《自然辩证法研究》2015年第5期。

双修海、陈晓平：《进化生物学与目的论：试论"进化"思想的哲学基础》，《自然辩证法通讯》2018年第5期。

王秀华、陈凡：《亚里士多德技术观考》，《科学技术与辩证法》2005年第 4 期。

王耀东：《工程风险治理中的预防原则：困境与消解》，《自然辩证法研究》2012 年第 7 期。

王玉峰：《亚里士多德〈物理学〉中的"四因说"：从方法到存在》，《世界哲学》2012 年第 5 期。

吴国林：《论分析技术哲学的可能进路》，《中国社会科学》2016 年第 10 期。

吴国林：《论知识的不确定性》，《学习与探索》2002 年第 1 期。

吴国盛：《海德格尔的技术之思》，《求是学刊》2004 年第 6 期。

吴彤：《都是后学院科学惹的祸吗》，《自然辩证法通讯》2014 年第 4 期。

夏保华：《亚里士多德的技术制作"四因说"思想》，《科学技术与辩证法》2005 年第 5 期。

肖显静、毕丞：《Phusis 与 Natura 的词源考察与词义分析》，《山西大学学报》（哲学社会科学版）2012 年第 2 期。

肖显静：《核电站决策中的科技专家：技治主义还是诚实代理人?》，《山东科技大学学报》（社会科学版）2011 年第 4 期。

肖显静：《转基因技术本质特征的哲学分析》，《自然辩证法通讯》2012 年第 5 期。

肖显静：《转基因技术的伦理分析——基于生物完整性的视角》，《中国社会科学》2016 年第 6 期。

肖显静：《转基因水稻风险评价中的无知和理性》，《绿叶》2013 年第 12 期。

肖显静：《古希腊自然哲学中的科学思想成分探究》，《科学技术与辩证法》2008 年第 4 期。

薛桂波：《"诚实的代理人"：科学家在环境决策中的角色定位》，《宁夏社会科学》2013 年第 2 期。

杨焕明：《转基因：一场新的"农业革命"》，《中国科技奖励》2010 年第 4 期。

杨辉：《谁在判定农业转基因生物是否安全》，《自然辩证法研究》2019 年第 10 期。

杨又、吴国林：《技术人工物的意向性分析》，《自然辩证法研究》2018 年第 2 期。

叶路扬、吴国林：《技术人工物的自然类分析》，《华南理工大学学报》

（社会科学版）2017 年第 4 期。

叶秀山：《论康德“自然目的论”之意义》，《南京大学学报》（哲学·人文科学·社会科学）2011 年第 5 期。

尹雪慧、李正风：《科学家在决策中的角色选择》，《自然辩证法通讯》2012 年第 4 期。

俞鼎、盛晓明：《科学的多元规范何以可能?》，《自然辩证法研究》2019 年第 10 期。

张成岗、黄晓伟：《“后信任社会”视域下的风险治理研究嬗变及趋向》，《自然辩证法通讯》2016 年第 6 期。

张帆：《“科学研究的第三次浪潮”就要来了？——论哈里·柯林斯的专长规范理论》，《科学技术哲学研究》2015 年第 3 期。

张金荣、刘岩：《风险感知：转基因食品的负面性》，《社会科学战线》2012 年第 2 期。

张汝伦：《什么是自然?》，《哲学研究》2011 年第 4 期。

赵斌：《遗传与还原的语境解读》，《哲学研究》2010 年第 8 期。

郑泉、张增一：《知识生产和话语建构：对中国转基因议题建构要素和过程的分析》，《科学技术哲学研究》2022 年第 3 期。

周千祝、曹志平：《技治主义的合法性辩护》，《自然辩证法研究》2019 年第 2 期。

英文文献

著作

Alan Irwin, *Citizen Science: A study of People, Expertise and Sustainable Development*, London and New York: Routledge, 1995.

Daniel Sui, Sarah Elwood and Michael Goodchild, *Crowdsourcing Geographic Knowledge: Volunteered Geographic Information in Theory and Practice*, Dordrecht: Springer Netherlands, 2013.

Dantel Steel, *Philosophy and The Precautionary Principle: Science, Evidence and Environmental Policy*, Cambridge: Cambridge University Press, 2015.

Dave Toke, *The Politics of GM Food: A Comparative Study of The UK, USA and EU*, New York: Routledge, 2004.

Elizabeth Fisher, Judith Jones and René von Schomberg, *Implementing The Precautionary Principle*: *Perspectives and Prospects*, Cheltenham: Edward Elgar Publishing, 2006.

Francesco Francioni, *Biotechnologies and International Human Rights*, Oxford Portland, Or. : Hart Publishing, 2007.

Garland E. Allen, *Life Science in The Twentieth Century*, Cambridge: Cambridge University Press, 1979.

Harry Collins and Robert Evans, *Rethinking Expertise*, Chicago: The University of Chicago Press, 2007.

Immanuel Kant, *Lectures on metaphysics*, Cambridge: Cambridge University Press, 1997.

Jan Kyrre Berg Olsen, Evan Selinger and Søren Riis, *New Waves in Philosophy of Technology*, Basingstoke: Palgrave Macmillan, 2009.

JanusHansen, *Biotechnology and Public Engagement in Europe*, New York: Palgrave Macmillan, 2010.

Joel A. Tickner, *Precaution*, *Environmrntal Science*, *and Preventive Public Policy*, Washington, DC: Island Press, 2003.

Joel Tickner, Carolyn Raffensperger and Nancy Myers, *The Precautionary Principle in Action*: *A Handbook*, Windsor, ND: Science and Environmental Health Network, 1999.

Julian Morris, *Rethinking Risk and The Precautionary Principle*, Boston: Butterworth - Heinemann, 2000.

Katherine Barrett, *Applying The Precautionary Principle to Agricultural Biotechnology*, Windsor, ND: Science and Environmental Health Network, 2000.

Keekok Lee, *Philosophy and Revolutions in Genetics*: *Deep Science and Deep Technology*, New York: Palgrave Macmillan, 2003.

Keekok Lee, *The Natural and The Artefactual*: *The Implications of Deep Science and Deep Technology for Environmental Philosophy*, Lanham, Md. : Lexington Books, 1999.

Massimiano Bucchi, *Beyond Technocracy*: *Science*, *Politics and Citizens*, Berlin: Springer Science + Business Media, 2009.

Ragnar E. Löfstedt, *Risk Management in Post – Trust Societies*, Houndmills: Palgrave Macmilla, 2005.

René von Schomberg, *Science, Politics and Morality: Scientific Uncertainty and Decision Making*, Boston: Kluwer Academic Publishers, 1993.

Richard Alan Hindmarsh and Geoffrey Lawrence, *Recoding Nature: Critical Perspectives on Genetic Engineering*, Sydney: University of New Sourth Wales Press, 2004.

Rick Bonney, et al., *Public Participation in Scientific Research: Defining the Field and Assessing Its Potential for Informal Science Education*, Washington, D. C.: Center for Advancement of Informal Science Education (CAISE), 2009.

Robert L. Parlberg, *The Politics of Precaution: Genetically Modified Crops in Developing Countries*, Baltimore and London: The JohnsHopkins University Press, 2001.

Sahotra Sarkar, *Genetics and Reductionism*, Cambridge: Cambridge University Press, 1998.

Steven Shapin, *A Social History of Truth: Civility and Science in Seventeenth – Century England*, Chicago and London: The University of Chicago Press, 1994.

Susanne Hecker, Muki Haklay and Anne Bowser, et al., *Citizen Science: Innovation in Open Science, Society and Policy*, London: UCL Press, 2018.

Timothy Swanson, *An Introduction to the Law and Economics of Environmental Policy: Issues in Institutional Design*, Oxford: Elsevier Science Ltd, 2002.

论文

Andrea Wiggins and Sage Bionetworks, "The Rise of Citizen Science in Health and Biomedical Research", *The American Journal of Bioethics*, Vol. 19, No. 8, 2019.

Anne Ingeborg Myhr and Terje Traavik, "Genetically Modified (GM) Crops: Precautionary Science and Conflicts of Interests", *Journal of Agricultural and Environmental Ethics*, Vol. 16, No. 3, 2003.

Anne Ingeborg Myhr and Terje Traavik, "The Precautionary Principle: Scientific Uncertainty and Omitted Research in The Context of GMO Use and Release", *Journal of Agricultural and Environmental Ethics*, Vol. 15, No. 1, 2002.

Ann Grand and Clare Wilkinson, et al., "Open Science: A New 'Trust Technology'?" *Science Communication*, Vol. 34, No. 5, 2012.

Bruno J. Strasser, et al., " 'Citizen Science'? Rethinking Science and Public Participation", *Science & Technology Studies*, Vol. 32, No. 2, 2019.

Daniele Rotolo, Diana Hicks and Ben R. Martin, "What Is An Emerging Tehnology", *Research Policy*, Vol. 44, No. 10, 2015.

Daniel Haag and Martin Kaupenjohann, "Parameters, Prediction, Post – Normal Science and the Precautionary Principle—A Roadmap for Modelling for Decision – Making", *Ecological Modelling*, Vol. 144, No. 1, 2001.

Greg Newman, "The Future of Citizen Science: Emerging Technologies and Shifting Paradigms", *Front Ecol Environ*, Vol. 10, No. 6, 2012.

Harry Collins and Robert Evans, "The Third Wave of Science Studies: Studies of Expertise and Experience", *Social Studies of Science*, Vol. 32, No. 2, 2002.

Jonathan Silvertown, "A New Dawn for Citizen Science", *Trends in Ecology and Evolution*, Vol. 24, No. 9, 2009.

Klaus Günter Steinhäuser, "Environmental Risks of Chemicals and Genetically Modified Organisms: A comparison—Part I: Classification and Characterisation of Risks Posed by Chemicals and GMOs", *Environmental Science and pollution research*, Vol. 8, No. 2, 2001.

Lynne Rudder Baker, "The Ontology of Artifacts", *Philosophical Explorations*, Vol. 7, No. 2, 2004.

Lynne Rudder Baker, "The Shrinking Difference Between Artifacts and Natural Objects", *American Philosophical Association Newsletter on Philosophy and Computers*, Vol. 7, No. 2, 2008.

Martin O'Connor, "Dialogue and Debate in A Post – Normal Practice of Science: A Reflexion", *Futures*, Vol. 31, No. 7, 1999.

Peter Kroes and Anthonie Meijers, "Reply to Critics", *Techné: Research in Philosophy and Technology*, Vol. 6, No. 2, 2002.

Peter Kroes and Anthonie Meijers, "The Dual Nature of Technical Artifacts-presentation of a new research programme", *Techné: Research in Philosophy and Technology*, Vol. 6, No. 2, 2002.

Peter Kroes, "Coherence of structural and functional descriptions of technical artifacts", *Studies in History and Philosophy of Science*, Vol. 37, No. 1, 2006.

Peter Kroes, "Engineering and the Dual Nature of Technical Artifacts", *Cambridge Journal of Economics*, Vol. 34, No. 7, 2010.

Rick Bonney, "Citizen Science: A Lab Tradition", *Living Bird*, Vol. 15, No. 1, 1996.

Rick Bonney, et al., "Citizen Science: A Developing Tool for Expanding Science Knowledge and Scientific Literacy", *BioScience*, Vol. 59, No. 11, 2009.

Roger E. Kasperson, Ortwin Renn and Paul Slovic, et al., "The social amplification of risk a conceptual framework", *Risk Analysis*, Vol. 8, No. 2, 1988.

Sheila Jasanoff, "Science and Citizenship: A New Synergy", *Science and Public Policy*, Vol. 31, No. 2, 2004.

Sheila Jasanoff, "Speaking Honestly to Power", *American Scientists*, Vol. 96, No. 3, 2008.

Silvio O. Funtowicz and Jerome R. Ravetz, "Science for the Post - Normal Age", *Futures*, Vol. 25, No. 7, 1993.

Wybo Houkes and Anthonie Meijers, "The Ontology of Artefacts: The Hard Problem", *Studies in History and Philosophy of Science*, Vol. 37, No. 1, 2006.

Yudhijit Bhattacharjee, "Citizen Scientists Supplement Work of Cornell Researchers", *Science*, Vol. 308, No. 5727, 2005.

后　记

本书是在国家社科基金项目（项目号：15CZX019）结项成果的基础上修改完善而成的。感谢项目申请时各位评审专家的肯定，使得本项目得以立项并开展研究。感谢项目结项时各位评审专家的认可，给予本项目结项等级为优秀。

本书的部分研究成果，以学术论文的形式在《自然辩证法研究》《自然辩证法通讯》《科学技术哲学研究》等期刊上发表，感谢这些期刊的编辑和评审专家的肯定以及提出的宝贵修改建议。

感谢我的硕导、博导肖显静教授一直以来对我学术研究和工作生活的鼓励、指导和帮助。感谢学界的各位师友们给予了我各种帮助和支持。

感谢调入上海交大工作中给予我帮助的各位老师，感谢所在单位的各位领导和同事们对我的关心！新环境，新面貌，新航程，更上一层楼。

感谢本书的责任编辑刘亚楠对本书认真、细致、耐心的编辑工作。

感谢我的家人，正是由于他们的支持、鼓励、期盼，使我有信心和力量，鼓起勇气，克服困难，在学术道路上不断前行。

一本著作的出版是一次总结，更是一个新的开启，“雄关漫道真如铁，而今迈步从头越”。在学术研究中，需要有一种定力，在喧嚣、复杂的世界里，保持一份宁静和简单。

需要指出的是，尽管我尽了很大的努力，但是学力有限，本书肯定存在一些不当之处，敬请各位专家学者批评指正！

陆群峰

2022 年 7 月 13 日